青少年科普知识枕边书
电子知识全知道

李芙蓉◎编著

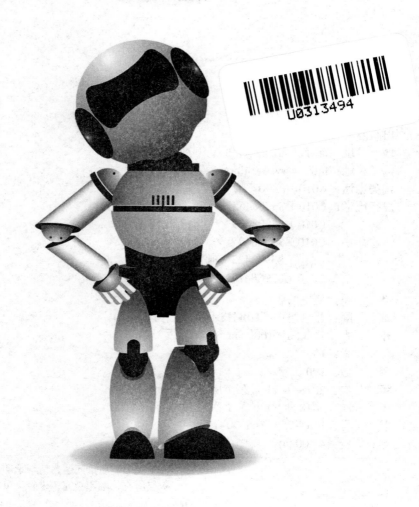

当代世界出版社
THE CONTEMPORARY WORLD PRESS

图书在版编目（CIP）数据

电子知识全知道 / 李芙蓉编著 . –– 北京：当代世界
出版社 , 2018.3
（青少年科普知识枕边书）
ISBN 978–7–5090–1309–0

Ⅰ . ①电… Ⅱ . ①李… Ⅲ . ①电子技术－青少年读物
Ⅳ . ① TN–49

中国版本图书馆 CIP 数据核字 (2018) 第 000379 号

电子知识全知道

作　　者：李芙蓉
出版发行：当代世界出版社
地　　址：北京市复兴路 4 号（100860）
网　　址：http://www.worldpress.org.cn
编务电话：（010）83907332
发行电话：（010）83908455
　　　　　（010）83908409
　　　　　（010）83908377
　　　　　（010）83908423（邮购）
　　　　　（010）83908410（传真）
经　　销：新华书店
印　　刷：北京旭丰源印刷技术有限公司
开　　本：710mm×1000mm　1/16
印　　张：13
字　　数：190 千字
版　　次：2018 年 11 月第 1 版
印　　次：2018 年 11 月第 1 次
书　　号：ISBN 978–7–5090–1309–0
定　　价：45.00 元

前言

电子学科是现代兴起的面向电子领域的一门学科。主要研究领域为电路与系统、通信、电磁场与微波技术以及数字信号处理等。电子学科的发展并不是一帆风顺的，电子技术的辉煌成就也不是一蹴而就的。当电子科学初露头角的时候，大多数人都持怀疑态度，并不认为电子会给人类的生活带来什么改变。在许许多多的发明家前辈们的坚持努力下，一项项发明成果的出现，让人们理解了电子对生活的重要意义，重新认识了电子技术的重要作用。爱迪生发明了电灯，贝尔发明了电话，伏特发明了电池，贝尔德研制出了电视，马可尼发明了无线电……在发明的过程中，也不乏一些奇闻轶事：安培追赶马车，富兰克林手抓闪电，亨利错失大奖，德福雷斯特银铛入狱……这些都成为人们茶余饭后的谈资。

电子科学对人类科技进程产生了巨大的影响。目前电子被应用到了通信、网络、物理、化学、生物、医药、航天等多种领域中，促使人类社会生活产生了深刻的变革。从最早的黑白电视机、蜂窝手机，到现在的智能电视机、4G手机，电子技术一步步发展；从最初电子二极管，到后来的电子三极管、晶体管、集成电路，电子技术逐渐成熟；从最原始的工业型机器人，到如今的智能型机器人，电子技术成就卓越。

当今电子技术正以日新月异的速度，引领时代的潮流，各种大胆新奇的发明挑战着我们的想象力。未来的电视机是什么样子？未来驾驶汽车需

不需要考驾驶执照？未来的通信设备终端是什么样子？未来机器人能完全替代人类工作吗？未来的 3D 打印机能帮我们打造包括房子在内的实用建筑吗？未来的眼镜真能像电影《终结者》中施瓦辛格饰演的机器人所戴的眼镜一样吗？随着时间的流逝，这一切也许都能实现，甚至会更符合人们生活的需求，可以肯定的是，电子科学的发展一定会不断向前。

本书主要介绍了电子学科的相关知识，从"电子科学家风采""电子发明大观""电子学科猜想"三个篇章入手，将电子领域内的多种发明创造及科学原理作了全面介绍，加以精美的配图，使青少年读者更容易了解电子领域内的知识。相对其他学科而言，电子学科比较枯燥，所以我们在编写时尽量按照通俗易懂的原则，为广大学生读者呈现生动的电子学科内容。

人类只有在永恒的探索和追求中才能不断进步，对于电子科学而言，想象才是发展的原动力。对电子科学的未来，我们充满信心。

目录

电子科学家风采

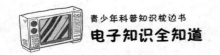
电子发明大观

电子学科猜想

电子科学家风采

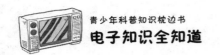
电子科学的先驱者之一：本杰明·富兰克林

1706 年 1 月 17 日，本杰明·富兰克林出生在北美洲的波士顿。富兰克林 8 岁入学读书，虽然学习成绩优异，但由于兄弟姐妹太多，父亲的收入又无法负担他读书的费用，所以，他十岁时就离开了学校，回家帮父亲做蜡烛。但他的学习从未间断过，他利用工作之便，结识了书店学徒，将书店的书借来通宵达旦地阅读，第二天清晨便归还。他的阅读范围很广，尤其喜欢自然科学方面的书籍。

1736 年，富兰克林当选为宾夕法尼亚州议会秘书，并在第二年任费城副邮务长。虽然工作越来越繁重，可是富兰克林每天仍然坚持学习。为了进一步打开知识宝库的大门，他孜孜不倦地学习外语，先后掌握了法文、意大利文、西班牙文及拉丁文。通过学习，他广泛地接受了世界科学文化的先进成果，为自己的科学研究奠定了坚实的基础。

18 世纪 40 年代是富兰克林一生中最辉煌的时期。当时有一位英国学者在波士顿利用玻璃管和莱顿瓶表演了电学实验。富兰克林怀着极大的兴趣观看了他的表演，并被电学这一刚刚兴起的科学强烈地吸引住了。随后富兰克林开始了电学的研究。富兰克林在家里做了大量实验，研究了两种电荷的性能，说明了电的来源和在物质中存在的现象。

在18世纪以前，人们还不能正确地认识雷电到底是什么。学术界比较流行的是认为雷电是"气体爆炸"的观点。在一次试验中，富兰克林的妻子丽德不小心碰到了莱顿瓶，一团电火闪过，丽德被击中倒地，面色惨白，在家躺了足足一个星期才恢复健康。这虽然是实验中的一起意外事件，但思维敏捷的富兰克林却由此联想到了空中的雷电。他经过反复思考，断定雷电也是一种放电现象，与实验室产生的电在本质上是一样的。于是，他写了一篇题为"论闪电与静电的同一性"的论文，并送给了英国皇家学会。可没想到的是，富兰克林的伟大设想竟遭到了许多人的冷嘲热讽，有人甚至嗤笑他是"想把上帝和雷电分家的狂人"，富兰克林决心用事实来证明一切。

1752年7月的一天，阴云密布，电闪雷鸣，一场暴风雨就要来临了。富兰克林和他的儿子威廉一起带着上面装有一个金属杆的风筝，来到一个空旷地带。富兰克林高举风筝，他的儿子则拉着风筝线飞跑。由于风大，风筝很快就被放上高空。刹那，雷电交加，大雨倾盆。富兰克林和他的儿子一起拉着风筝线，焦急地期待着，此时，刚好一道闪电从风筝上空掠过，富兰克林用手靠近风筝上的铁丝（另一个说法是铜钥匙），立即掠过一种恐怖的麻木感。他抑制不住内心的激动，大声呼喊："威廉，我被电击了！"随后，他又将风筝线上的电引入莱顿瓶中。回到家里以后，富兰克林用雷电进行了各种电学实验，证明了天上的雷电与人工摩擦产生的电具有完全相同的性质。富兰克林关于天上和人间的电是同一种东西的假说，在他自己的这次实验中得到了证实，他的电学研究取得了初步的胜利。

风筝实验的成功使富兰克林在全世界科学界名声大振。英国皇家学会给他送来了金质奖章，聘请他担任皇家学会会员。他的科学著作也被译成了多种语言。然而在胜利和荣誉面前，富兰克林并没有停止对电学的进一步研究。

关于这个"天电"实验，人们一直存有质疑，富兰克林本人也从未正式承认做过这个实验。美国的一个科普电视节目《流言终结者》中通过人造环境模拟实验得出结论：如果按照传言中的方式，用风筝引下雷电，富

兰克林肯定会被当场电死，而不可能只是"掠过一种恐怖的麻木感"。尽管对富兰克林是否做过风筝实验存在争议，但他是在 1750 年第一个提出用实验来证明天空中的闪电就是电的科学家。

1753 年，俄国著名电学家利赫曼为了验证富兰克林的实验，不幸被雷电击死，这是做雷电实验的第一个牺牲者。血的代价，使许多人对雷电试验产生了戒心和恐惧。但富兰克林在死亡的威胁面前没有退缩，经过多次试验，他制成了一根实用的避雷针。他把几米长的铁杆，用绝缘材料固定在屋顶，杆上紧拴着一根粗导线，一直通到地里。当雷电袭击房子的时候，它就沿着金属杆通过导线直达大地，房屋建筑完好无损。

1754 年，避雷针开始应用，但有些人认为这是个不祥的东西，违反天意会带来旱灾，就在夜里偷偷地把避雷针拆了。然而，科学终将战胜愚昧。一场挟有雷电的狂风过后，大教堂着火了，而装有避雷针的高层房屋却平安无事。事实教育了人们，使人们相信了科学。避雷针相继传到英国、德国、法国，最后普及到世界各地。

富兰克林有着一连串的头衔：文学家、发明家、出版商、科学家、外交家、哲学家、启蒙思想家。有评价说，他是 18 世纪仅次于华盛顿的名人。他一生最真实的写照是他自己所说过的一句话："诚实和勤勉，应该成为你永久的伴侣。"

知识链接 >>>

　　富兰克林是一位优秀的政治家，是美国独立战争的老战士。从 1757 到 1775 年，他几次作为北美殖民地代表到英国谈判。独立战争爆发后，他参加了第二届大陆会议，并参与了《独立宣言》的起草工作。1776 年，70 岁的富兰克林出使法国，赢得了法国和欧洲人民对北美独立战争的支援。1787 年，他积极参与了制定美国宪法的工作，并组织了反对奴役黑人的运动。1790 年 4 月 17 日，富兰克林溘然逝去，费城人民为他举行了葬礼，两万人参加了出殡队伍，并为富兰克林的逝世服丧一个月以示哀悼。

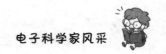

电磁理论的开拓者：查利·奥古斯丁·库仑

1736 年 6 月 14 日，查利·奥古斯丁·库仑出生于法国的昂古莱姆。库仑家里很有钱，在青少年时期，他就受到了良好的教育。他后来到巴黎军事工程学院学习，离开学校后，进入西印度马提尼克皇家工程公司工作。工作了 8 年以后，他又在埃克斯岛瑟堡等地服役。这时库仑就已开始从事科学研究工作，他把主要精力放在工程力学和静力学研究上。

在军队里从事了多年的军事建筑工作，为他 1773 年发表的有关材料强度的论文积累了材料。在这篇论文里，库仑提出了计算物体上应力和应变的分布的方法，这种方法成了结构工程的理论基础，一直沿用到现在。

1777 年，法国科学院悬赏征求改良航海指南针中的磁针的方法。库仑认为磁针支架在轴上，必然会带来摩擦，要改良磁针，必须从这个根本问题着手。他提出用细头发丝或丝线悬挂磁针，同时他对磁力进行了深入细致的研究，特别注意了温度对磁体性质的影响。他又发现线扭转时的扭力和针转过的角度成比例关系，从而可利用这种装置算出静电力或磁力的大

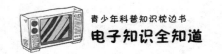
小。由于成功地设计了新的指南针以及在普通机械理论方面做出的贡献，1782 年，他当选为法国科学院院士。为了保持较好的科学实验条件，他仍在军队中服务，但他的名字在科学界已为人所共知。

1785 年，库仑用自己发明的扭秤建立了静电学中著名的库仑定律。同年，他在给法国科学院的《电力定律》的论文中详细地介绍了他的实验装置、测试经过和实验结果。

库仑在 1785 年到 1789 年之间，通过精密的实验对电荷间的作用力做了一系列的研究，连续在皇家科学院备忘录中发表了很多相关的文章。

1789 年法国大革命爆发，库仑隐居在自己的领地里，全身心地投入到科学研究的工作中去。他把对两种形式的电的认识发展到磁学理论方面，并归纳出类似于两个点电荷相互作用的两个磁极相互作用定律。他丰富了电学与磁学研究的计量方法，将牛顿的力学原理扩展到电学与磁学中。库仑的研究为电磁学的发展、电磁场理论的建立开拓了道路。

库仑不仅在力学和电学上都做出了重大的贡献，作为一名工程师，他在工程方面也做出过重要的贡献。他曾设计了一种水下作业法。这种作业法类似于现代的沉箱，它是应用在桥梁等水下建筑施工中的一种很重要的方法。

库仑给我们留下了不少宝贵的著作，其中最主要的有《电气与磁性》一书，共七卷，于 1785 年至 1789 年先后公开出版发行。

1806 年 8 月 23 日，库仑因病在巴黎逝世，终年 70 岁。

毫无疑问，库仑是 18 世纪最伟大的发明家之一，他的杰出贡献是永远也不会被磨灭的。

知识链接 >>>

　　库仑是表示电荷量的单位，简称库，符号 C。它是为纪念法国物理学家查利·奥古斯丁·库仑而命名的。库仑不是国际单位制基本单位，而是国际单位制导出单位，由安培导出：若导线中载有 1 安培的稳恒电流，则在 1 秒内通过导线横截面积的电量为 1 库仑。

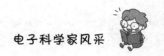

天才电子大师：迈克尔·法拉第

　　1791 年 9 月 22 日是一个伟大的日子，一代科学巨匠迈克尔·法拉第降生在英国萨里郡纽因顿一个贫苦的铁匠家庭。法拉第的一生是伟大的，然而法拉第的童年却是十分凄苦的。

　　为了解决全家的温饱，老法拉第带着 5 岁的小法拉第迁到伦敦，希望改变贫穷的命运。不幸的是，上帝非但没有给法拉第一家赐福，反而在小法拉第 9 岁那年夺走了老法拉第的生命。迫于生计，幼小的法拉第不得不去一家文具店当学徒。4 年以后，13 岁的法拉第又到书店当学徒。起初负责送报，后来当图书装订工。真所谓"天将降大任于斯人也，必先苦其心志，劳其筋骨，饿其体肤……"

　　贫穷是不幸的，童工的生涯非常艰苦。难能可贵的是小法拉第不安于贫穷，非常勤奋好学。14 岁时他给一位装订兼卖书师傅当学徒，利用此机会博览了群书。他在 20 岁时有幸听到了英国著名科学家汉弗里·戴维先生讲课，对科学产生了浓厚的兴趣，并于 1812 年圣诞节前夕给戴维写了一封

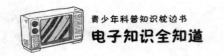
信。法拉第对科学的热情感动了戴维，他精心整理装订的"精美记录册"更使戴维深感欣慰。这时又正值他学徒期满，于是戴维推荐他于1813年3月进入皇家研究所当他的助手。同年10月，他跟随戴维去欧洲大陆作科学考察旅行。这次旅行使法拉第上了一次"社会大学"，沿途他认真地记录了戴维在各地讲学的内容，学到了许多科学知识，而且结识了许多著名的科学家，如盖·吕萨克和安培等。1815年5月回到皇家研究所时，法拉第已在戴维指导下做独立的研究工作，并取得了几项化学研究成果。1816年法拉第发表了第一篇科学论文。从1818年起，他和杰·斯托达特合作研究合金钢，首创了金相分析方法。

1820年，奥斯特发现了电流的磁效应，受到科学界的关注；1821年，英国《哲学年鉴》的主编约请戴维撰写一篇文章，评述自奥斯特的发现以来电磁学实验的理论发展概况。戴维把这一工作交给了法拉第。法拉第在收集资料的过程中，对电磁现象产生了极大的热情，并开始转向电磁学的研究。他仔细地分析了电流的磁效应等现象，认为既然电能够产生磁，反过来，磁也应该能产生电。于是，他试图从静止的磁力对导线或线圈的作用中产生电流，但是努力失败了。经过近10年的不断实验，到1831年，法拉第终于发现，一个通电线圈的磁力虽然不能在另一个线圈中产生电流，但是当通电线圈的电流刚接通或中断的时候，另一个线圈中的电流计指针有微小偏转。法拉第经过反复实验，证实了当磁作用力发生变化时，另一个线圈中就产生电流。他又进行了各种各样的实验，比如两个线圈发生相对运动，磁作用力的变化同样也能产生电流。这样，法拉第终于用实验揭开了电磁感应定律。法拉第的这个发现，扫清了探索电磁本质道路上的拦路虎，开通了在电池之外大量产生电流的新途径。根据这个实验，1831年10月28日法拉第发明了圆盘发电机，这是法拉第第二项重大的电发明。这个圆盘发电机，结构虽然简单，但它却是人类创造出的第一个发电机。现在产生电力的发电机就是从它开始的。

1837年，法拉第引入了电场和磁场的概念，指出电和磁的周围都有场的存在，这打破了牛顿力学"超距作用"的传统观念。1838年，他提出了电力线的新概念，用来解释电、磁现象，这是物理学理论上的一次重大突破。1843年，法拉第用有名的"冰桶实验"，证明了电荷守恒定律。1845年，也是在经历了无数次失败之后，他终于发现了"磁光效应"。他用实验证实了光和磁的相互作用，为电、磁和光的统一理论奠定了基础。1852年，他又引进了磁力线的概念，从而为经典电磁学理论的建立奠定了基础。后来，英国物理学家麦克斯韦用数学工具研究法拉第的磁力线理论，最后完成了经典电磁学理论。

1867年8月25日，法拉第因病医治无效与世长辞，享年76岁。

法拉第的一生是伟大的。他对科学普及工作非常热心，曾经在"星期五晚间讨论会"上作过100多次演讲，在圣诞节少年科学讲座上演讲达19年之久，他的科普讲座深入浅出，并配以丰富的演示实验，深受欢迎。法拉第为人质朴，不善交际，不图名利，喜欢帮助亲友，热心公众事业。法拉第的伟绩不能用金钱衡量，如果硬用金钱衡量的话，有人说超过了全球股票的总价值。

知识链接 >>>

1843年，法拉第做了冰桶实验，并据此最早提出电荷守恒的观念。法拉第把白铁皮做的冰桶放在绝缘物上，用导线把冰桶外面与金箔验电器相接。用丝线将带电小黄铜球吊进冰桶内，随着小球的深入，验电器箔片逐渐张开并达到最大张角，尔后，即使小球再深入，甚至与冰桶接触，张角也不再变化。并且实验结果与冰桶内是否装有其他物质也无关。冰桶实验表明，电荷可以转移变动，但不会无中生有，也不会变有为无，总量守恒。这是电荷守恒定律第一个令人满意的实验证明。

最早的电池发明家：亚历山德罗·伏特

　　亚历山德罗·伏特，意大利著名物理学家，1745 年 2 月 18 日出生于意大利科莫。伏特发明电池时已经 50 多岁了，他绝没有想到持续电流对人类的影响会有那么大，因此也没有再作进一步研究，一直在帕维亚大学任教。1819 年，伏特退休回到故乡，于1827 年 3 月 5 日逝世。

　　伏特出生于一个没落的贵族家庭。8 个兄弟姐妹大都是神职人员。伏特 4 岁才会说话，家里人认为他智力迟钝。但到了 7 岁，他就赶上并超过了其他孩子。他 14 岁时便决心当一个物理学家。当时伏特对占据了当代科学舞台的电现象非常有兴趣，而这种兴趣是由普利斯特利的电学著作引起的。为此他甚至还写了一首关于电学的拉丁文长诗。

　　1774 年，伏特被任命为科莫中学的物理教师。第二年他发明了起电盘。在给普利斯特利的信中，他首次描述了这个发明。这个装置由一块覆有硬橡胶的金属电极板和一块带绝缘手柄的金属电极板组成。摩擦硬橡胶板，使之带上负电荷。如将带柄极板置于其上，正电荷便被吸引到下表面，负电荷被排斥到上表面。下面的正电荷可通过接地排除，这个过程不断继续，直到带柄极板带上很多电荷为止。这种电荷蓄贮器取代了莱顿瓶，成为电容器的前身，至今仍然使用。

起电盘发明后，伏特的名声因此传开。1779 年，他接受了帕维亚大学的教授职位，并继续从事电学研究，发明了与静电有关的其他设备。1794 年，他获得了英国皇家学会的科普利奖章，被选为该会会员。

当选会员后的一天，伏特像往常一样，来到图书馆查阅有关资料。突然，一本德国科学家的实验报告汇编引起了他的注意，这本书记载了一个叫斯罗扎的科学家在 1750 年做的一个实验。斯罗扎在实验报告中说：把两个不同的金属片分别夹在舌头的上下位置，然后用一根金属导线连接两块金属块，此时，舌头上会有一种发麻的感觉；如果用两块相同的金属片夹在舌头上下，就没有这种感觉。回到实验室，伏特马上找到一块薄锡片和一枚新银币，并用一根导线将它们连接起来。果然，他的舌头出现了麻木的感觉。"这是触电的感觉。"伏特对助手说，"导线中肯定有电在流动。"伏特发现，单独使用锡片或银币在口腔做实验时，没有这种感觉。"这是什么原因呢？"伏特推测，可能是口腔含有稀酸的缘故。根据这一推测，伏特改用稀酸做实验，果然发现了电流。稀酸实验的成功，给了伏特极大的信心。他决定生产一种能产生和储存电能的装置。

1799 年，伏特按照自己的设计，把几个盛稀酸的杯子排在一起，然后在每个杯子中装一块锌片和铜片，并将前一个杯子中的铜片和后一个杯子中的锌片用导线连接。最后，两端用导线接出。伏特用手指捏住两端的导线，他不仅感到手指麻木，而且身上也有这种感觉，这说明这种电源装置产生了相当大的电流。"把这宝贝叫作伏特电堆吧！"伏特的助手建议。

1800 年，伏特制成能产生很大电流的装置。这就是历史上第一组电池。伏特使用小圆铜极板和小圆锌极板以及浸透了盐溶液的硬纸板圆片，从底部开始，往上依次为铜、锌、硬纸板；铜、锌、硬纸板……如将金属线接到这个伏特电堆的顶端和底部，电路闭合时就会有电流通过。

不久，尼科尔森将伏特电堆付诸实际使用。

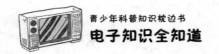
1801 年，伏特被拿破仑宣召到法国奉命表演他的实验。他获得一连串的奖章和勋章，其中包括荣誉勋位团勋章，还被封为伯爵。1810 年，他当上了伦巴第公国的参议员。伏特和拉普拉斯一样，有不受政治变迁影响、保持自己地位的权利。无论是拿破仑倒台还是奥地利再次统治意大利，伏特仍然地位显赫。然而，伏特所获得的最高荣誉却并非出自于统治者，而是来自与他同辈的科学家。电动势的单位现被称为"伏特"，就是为了纪念他而命名的。由现代核粒子加速器产生的运动带电粒子的能量，以电子伏为单位量度。

在伏特之前，人们只能应用摩擦发电机发电，再将电存放在莱顿瓶中，以供使用，这种方式相当麻烦，所得的电量也受限制。伏特发明的电池改进了这些缺点，使得电的取得变得非常方便。

知识链接 >>>

电池的发明，使得科学家可以用比较大的持续电流来进行各种电学研究，促使电学研究有一个巨大的进展。伏特电池是一个重要的起步，它带动后续电气相关研究的蓬勃发展，后来利用电磁感应原理的电动机和发电机的研发成功也得归功于它，而发电机之后电气文明的开始，导致第二次产业革命，改变了人类社会的结构。

追着马车做题的安德烈·玛丽·安培

安德烈·玛丽·安培，1775 年 1 月 20 日生于里昂一个富商家庭，他父亲受卢梭教育思想的影响很深，决定让安培自学，经常带他到图书馆看书。安培自学了《科学史》《百科全书》等著作。

安培小时候记忆力极强，数学才能出众，13 岁就发表第一篇数学论文，论述了螺旋线。

安培在学习和研究问题时，思想高度集中，专心致志，简直达到了忘我的痴迷程度。有一次，安培正慢慢地向他任教的学校走去，边走边思索着一个电学问题，经过塞纳河的时候，随手拣起一块鹅卵石装进口袋，过一会儿，又从口袋里掏出来扔到河里。到学校后，他走进教室，习惯地掏怀表看时间，拿出来的却是一块鹅卵石。原来，怀表已被他扔进了塞纳河。

还有一次，安培在街上散步，走着走着，想出了一个电学问题的算式，正为没有地方运算而发愁。突然，他见到面前有一块"黑板"，就拿出随身

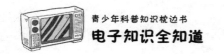

携带的粉笔，在上面运算起来。那"黑板"原来是一辆马车的车厢背面。马车走动了，他也跟着走，并边走边写。马车越来越快，他也跟着跑了起来，一心一意要完成他的推导，直到他实在追不上马车了才停下脚步。安培这个失常的行动，使街上的人笑得前仰后合。

为了专心研究问题，怕别人来打扰他，安培就在自己的家门口贴上了一张"安培先生不在家"的字条。这样，来找他的人看到字条后就不会再敲门打扰他。有一天，他在家中思考一个问题，百思不得其解，便走出家门，一边散步一边思考这个问题。他在马路上走着走着，好像突然想起了什么便转回身向家走去。他一边走一边还在聚精会神地思考着问题。当他返回自己的家门口时，抬头看见门上贴着"安培先生不在家"的那张字条，自言自语地说："噢！安培先生不在家，那我回去吧！"说完，扭头走了。

正是这种对科学执著、着迷的态度，才使安培成为伟大的发明家。

1820年，奥斯特发现电流磁效应，安培马上集中精力研究，几周内就提出了安培定则即右手螺旋定则。随后很快在几个月之内连续发表了3篇论文，并设计了9个著名的实验，总结了载流回路中电流元在电磁场中的运动规律，即安培定律。

1821年，安培提出了著名的分子电流假说。他认为，在原子、分子等物质微粒内部，存在着一种环形电流——分子电流，分子电流使每个物质微粒都成为微小的磁体，它的两侧相当于两个磁级。从而揭示了磁铁磁性的起源。

安培的研究还涉及哲学、化学等领域，甚至还研究过植物分类学上的复杂问题。

1836年，安培以大学学监的身份外出巡视工作，途中不幸染上急性肺炎，医治无效，于6月10日在马赛去世，终年61岁。后人为了纪念安培，用他的名字来命名电流强度的单位，简称"安"。

安培对电磁学的发展可以说是功不可没。他不但创造了"电流"这个名词，还将正电流动的方向定为电流的方向。麦克斯韦称赞安培的工作是"科学上最光辉的成就之一"，还把安培誉为"电学中的牛顿"。安培还是发展测电技术的第一人，他用自动转动的磁针制成测量电流的仪器，以后经过改进称电流计。安培在他的一生中，只有很短的时期从事电子工作，可是他却能以独特、透彻的分析，论述带电导线的磁效应，因此他被称为"电子力学的先创者"是当之无愧的。

知识链接 >>>

安培定律，也叫安培定则或右手螺旋定则，是表示电流和电流激发磁场的磁感线方向间关系的定律。通电直导线中的安培定律：用右手握住通电直导线，让大拇指指向电流的方向，那么四指指向就是磁感线的环绕方向；通电螺线管中的安培定律：用右手握住通电螺线管，让四指指向电流的方向，那么大拇指所指的那一端是通电螺线管的N极。

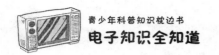

错失专利权的约瑟夫·亨利

提起电磁感应，人们都会想起法拉第，却无人知道亨利这个名字。其实亨利比法拉第更早发现电磁感应现象。

1797 年约瑟夫·亨利出生在纽约州的奥尔巴尼。由于家境贫困，他被寄养在一位亲戚家里，年仅 10 岁就在乡村小店里当伙计。在苦难的童年时代，也许只有他养的那只小白兔给他带来了一丝欢乐。说来有趣，恰是那只可爱的小白兔改变了他的全部生活。在他 13 岁那年的一天，他的小白兔从笼子里跑了。他尾随小白兔，紧追不舍，一直追到了教堂里才将小白兔逮住。他站起来正要往回走，突然注意到了教堂四壁上绘着的绚丽多

彩的神像，木架上堆满了厚厚的图书，他被深深地吸引住了。从此他一有空就躲进教堂，阅读各种书籍，知识滋养着他渐渐地成长。一天他读到一本 1808 年伦敦出版的格利戈里关于实验科学、天文学和化学的演讲集，这是一本关于自然哲学的著作，第一页上写道："你向空中扔一块石头或者射出一支箭，为什么它不是朝你给予的方向一直向前飞去？"这句话一下子就

把亨利迷住了。读完了这本书，他决心要献身于科学事业。

亨利刻苦自学，考进了奥尔巴尼学院。在那里他学习了化学、解剖学和生理学，准备当一名医生，可是，毕业后却在学院当了一名自然科学和数学讲师。

1832 年，亨利成为新泽西学院（今普林斯顿大学）的自然哲学教授，一直到 1846 年离开。1846 年至 1878 年间，他是新成立的斯密森研究所的秘书和第一任所长，负责气象学研究。1867 年起任美国科学院院长，直到逝世。

亨利的主要成就是对电磁学的独创性研究。1827 年他用纱包铜线在一个铁芯上绕了两层，然后在铜线中通电，发现仅重 3 公斤的铁芯竟然吸起了 300 公斤重的铁块，远远超过一般天然磁铁的吸引力。电转变为磁产生的这种大的力量，立即深深地吸引了亨利继续对这些电磁现象进行研究。1829 年亨利对英国发明家威廉·史特京发明的电磁铁作了改进，用绝缘导线代替裸线，使电磁铁的吸引作用大大增强。后来他制作的一个体积不大的电磁铁，能吸起 1 吨重的铁块。

1830 年 8 月，亨利在电磁铁两极中间放置一根绕有导线的条形软铁棒，然后把条形铁棒上的导线接到检流计上，形成闭合回路。他观察到，当电磁铁的导线接通的时候，检流计指针向一方偏转后回到零；当导线断开的时候，指针向另一方偏转后回到零。这就是亨利发现的电磁感应现象。这比法拉第发现电磁感应现象早一年。但是，当时世界科学的中心在欧洲，亨利正在集中精力制作更大的电磁铁，没有及时发表这一实验成果，因此，发现电磁感应现象的功劳就归属于及时发表了成果的法拉第，亨利失去了发明权。

尽管亨利没有得到应有的名誉，可他继续一头扎在实验中。有一次，亨利对绕有不同长度导线的各种电磁铁的提举力做比较实验，意外地发现，通有电流的线圈在断路的时候有电火花产生。1832 年他发表了《在长螺旋线中的电自感》的论文，宣布发现了电的自感现象。经过反复实验，亨利于 1835 年又发表了解释自感现象的论文。1837 年，亨利访问了欧洲，与英国物理学家、化学家法拉第共同度过了许多愉快的日子。法拉第当时想做一个简单的实验，使温差电偶产生火花。他把电偶的一端置于炽热的火炉

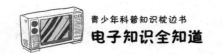
上，另一端埋在冰块里，并将两根引线的线头相碰，但并未产生预想的结果。这时亨利把一根导线绕成线圈套在一根铁棒上，并把这个线圈接到温差电偶的一根引线上，再使两根线头相碰，顿时爆出了耀眼的电火花。法拉第对此实验大加赞赏，大声问道："你到底是怎么成功的？"于是亨利向这位因发表电磁感应规律而闻名于世的科学家解释自感的道理，显然当时还没有一个欧洲人读过亨利几年前就发表的那些论文。

1842年亨利在实验室里安装了一个火花隙装置，在30多米处放一个线圈来接收能量，线圈和检流计相接，形成回路。当火花隙装置的电火花闪过的时候，和线圈相接的检流计指针就发生偏转。这个实验的成功，实际上实现了无线电波的传播。亨利的实验虽然比赫兹的实验早了40多年，但是当时的人们包括亨利自己在内，还认识不到这个实验的重要性。

除了这些发明，亨利为电报机的发明也做出了贡献。实用电报的发明者莫尔斯和惠斯通都采用了亨利发明的继电器。亨利把电磁铁改换成使用绝缘导线的强力电磁铁，用继电器把每个备有电池的电路串联起来，把文字信号中继转发出去，电路中的一条导线可用地线代替，而不需要两条往返导线。亨利实际上是电报的发明者，但是，不重名利的亨利没有申请专利权。这样，发明电报的专利和荣誉就落到莫尔斯的头上。当然，莫尔斯发明的由"点""划"组成的"莫尔斯电码"，是他对电报的独特贡献。

此外，亨利还发明了无感绕组，改进了一种原始的变压器。亨利曾发明过一台像跷跷板似的原始电动机，从某种意义上来说这也许是他在电学领域中最重要的贡献。因为电动机能带动机器，在启动、停止、安装、拆卸等方面，都比蒸汽机来得方便。今天，电动机已成为电气时代的标志了。

1878年5月13日，约瑟夫·亨利在华盛顿逝世，享年81岁。

知识链接 >>>

约瑟夫·亨利被认为是本杰明·富兰克林之后最伟大的科学家之一。为了纪念亨利，用他的名字命名了自感系数和互感系数的单位，简称"亨"。

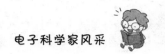

电报发明者：萨缪尔·芬利·布里斯·莫尔斯

通信技术关键性的变革发生在 19 世纪中期。

1832 年秋天，在大西洋中航行的一艘邮船上，美国医生杰克逊给旅客们讲电磁铁原理，旅客中 41 岁的美国画家萨缪尔·芬利·布里斯·莫尔斯被深深地吸引住了，并牢记住了这些。他联想起自己所看到的法国信号机体系，它每次只能传讯数英里而已；如果用电流传输电磁讯号，不是可以在瞬息之间把消息传送数千英里之遥吗？从这以后，他毅然改行投身于电学研究领域。

莫尔斯于 1791 年出生在美国一个牧师家庭。他青年时研究绘画和雕刻，历任过若干艺术团体的负责人职务。他抛却了铺着荣誉地毯的艺术之路，转向尚处于幼年时代的电学，冒着失败的风险，在崎岖不平的科技之峰上努力攀登。在试制电报机的过程中，莫尔斯的生活极为困苦，有时甚至挨饿。他节衣缩食，以购置实验用具。1836 年，他不得不重操艺术家的旧业，以解决生计问题。但他始终没

有中断研究工作。坚持不懈地努力和友人的帮助，莫尔斯终于获得成功。

莫尔斯从在电线中流动的电流突然截止时会迸出火花这一事实得到启发，"异想天开"地想，如果将电流截止片刻发出火花作为一种信号，电流接通而没有火花作为另一种信号，电流接通时间加长又作为一种信号，这三种信号组合起来，就可以代表全部的字母和数字，文字就可以通过电流在电线中传到远处了。

经过几年的琢磨，1837 年，莫尔斯设计出了著名且简单的电码，称为"莫尔斯电码"，它是利用"点""划"和"间隔"（实际上就是时间长短不一的电脉冲信号）的不同组合来表示字母、数字、标点和符号。

1844 年 5 月 24 日，在华盛顿国会大厦联邦最高法院会议厅里，一批科学家和政府官员聚精会神地注视着莫尔斯，只见他亲手操纵着电报机，随着一连串的"点""划"信号的发出，远在 64 千米外的巴尔的摩城收到由"嘀""嗒"声组成的世界上第一份电报。

第一封电报的内容是圣经的诗句"上帝创造了何等的奇迹"。

电报机有人工和自动两种，还有有线发送和无线发送两种方式。人工电报机是由人来按动电键，使电键接点开闭，形成"点""划"和"间隔"信号，经电路传输出去，收报端接到这种电信号后，便控制音响振荡器产生出"嘀""嗒"声，"嘀"声为"点"，"嗒"声为"划"，供收报员收听抄报。

在无线通信情况下，发报端除有发报电键外，还必须有发射机，以便将电键发出的电脉冲信号变换（即调制）成高频载波信号，才能发送出去。在接收端，除了耳机外，还必须有接收机，它将发射端发送的高频载波信号接收下来，再变换（即解调）成音频信号，供人工收听抄报。

自动电报机的发报端在发报时，事先将准备发送的报文用专用的凿孔机凿成发送凿孔纸带，然后用快机发送出去。在收报端，使用波纹收报机来收报，即在移动的纸带上自动记录莫尔斯电码波纹信号。

今天，我们从一个小的方面就可以看出莫尔斯的贡献：他发明的电报，为各地气象资料迅速传递和集中提供了条件，使绘制当时的天气图成为可能。

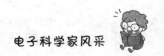

知识链接 >>>

摩尔斯电码是一种时通时断的信号代码，是早期的数字化通信形式。它通过不同的排列顺序来表达不同的英文字母、数字和标点符号。摩尔斯电码不同于现代只使用 0 和 1 两种状态的二进制代码，它的代码包括五种：点、划、每个字符间短的停顿、每个词之间中等的停顿以及句子之间长的停顿。1912 年，著名的泰坦尼克号邮轮首航遇险时，曾使用当时刚通过并准备使用的新求救信号 SOS（... --- ...）发报，结果没有被理睬。泰坦尼克号沉没后，SOS（... --- ...）才被广泛接受和使用。泰坦尼克号也因此成为世界上第一艘发出 SOS 电码的船只。

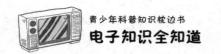
多项发明家：恩斯特·维尔纳·西门子

恩斯特·维尔纳·西门子，1816 年 12 月 13 日出生于德国城市汉诺威附近伦特庄园的奥伯古特农庄。他的父亲克里斯蒂安·斐迪南·西门子是一个农民，受过高等教育，西门子是这个家庭的长子。老西门子十分重视子女的教育，为维尔纳和他的兄弟姐妹聘请了家庭教师。

1834 年夏天，西门子告别了父母和兄弟姐妹，只身前往普鲁士首都柏林。他参加了炮兵部队，经过 6 个月的训练，晋升为上等兵。1835 年秋天，西门子终于如愿以偿，到柏林联合炮兵学院学习。在学院度过的 3 年可以说是西门子一生中最幸福的时光，他顺利地通过了候补军官、军官和炮兵军官 3 次考试，担任了军官。同时，他把大量的时间用于科学研究。在 3 年的学习中，数学、物理和化学是他最感兴趣的科目，在课堂上学习到的知识为他后来的发明之路奠定了基础。

西门子发明创造的主要动力是经济因素。父母早逝后，两个继承农业的弟弟收入有限，无法支付其他兄弟的教育经费。西门子迫切需要开拓经济来源。

　　他的第一项工业发明是用电流进行镀金和镀银，他用技术入股，和稀有金属厂的亨宁格合作，建立了镀金镀银部，双方共同分享红利。第二项发明是改良锌版印刷机，新型的旋转式快速印刷机不久后在西门子手中诞生。1840 年，因为与他人决斗，西门子身陷囹圄，他的研究工作被中断。好在监牢里的生活不那么刻板，他竟得以在牢房里布置了一个小小的实验室，把所有时间都用来进行研究。就在这里，幸运之神降临了：他在电解实验中获得了惊人的成功。在禁闭期间，他改进了镀金的方法，并起草了一份专利申请书，获得了为期 5 年的普鲁士专利。后来，国王签署了他的赦免令，他重获自由。

　　1845 年，西门子发表了几篇重要的科学论文。次年，他的兴趣转向电报事业——就是在这个领域的研究使他名垂青史。

　　1846 年西门子发现杜仲胶具有良好的电绝缘性能，可用于电缆绝缘，不久，他制成了通信电缆。同年，西门子从部队退役。1847 年，西门子和哈尔斯克合作创办了西门子—哈尔斯克电报机制造厂。哈尔斯克是一名技术娴熟的机械师，他帮助西门子制作出指针电报机，后来又制造出了线材压铸机。接着，为了找到一种充分耐久的绝缘材料，西门子把铜线用热的树胶包裹起来，制成了绝缘电线。同一年世界上出现的第一条较长的地下电报线，就是用这种电线铺设的。这次的成功更坚定了西门子献身于电报事业的决心。1847 年，西门子和他人合伙建立了电报设备制造厂，工厂发展迅速，很快就在欧洲许多国家的首都设立了分号。1848 年欧洲革命期间，西门子参加了一些政治军事活动，但那并非他的兴趣所在。一恢复和平，他就返回柏林重新开始了研究工作。从此，西门子以更多的精力从事研究，最终成为举世闻名的德国"电子电气之父"。

　　19 世纪 70 年代，西门子研发了直流发电机，最初运用于军事目的，在功率和负荷能力进一步改进之后，他发现这种机器在电车和电气发动机领域也有广泛的应用前景。1879 年，西门子公司为柏林街道安装了路灯。1880 年，电梯被制造出来。1881 年，西门子建立了第一个电子公共交通系

统，使有轨电车行驶在柏林近郊。从 1877 年开始，电话机也加入到公司产品行列。西门子对由贝尔发明的、但还没有在德国获得专利权的电话机进行了改良。这种电话机在前三年的销量超过了一万台。改良别人的发明是维尔纳·西门子的长项，通过他的改良，产品的性能大为提升。

1892 年 12 月 6 日，西门子在夏洛滕堡去世，终年 76 岁。

知识链接 >>>

恩斯特·维尔纳·西门子出身贫寒，但一生刻苦勤奋，发明了几十种科技项目，涉及多个领域，其中电子领域成绩最为显赫。1890年西门子退休，德皇弗里德里希三世授予其贵族称号。后来西门子的名字也被用来命名电导率的单位。

传奇人物：托马斯·阿尔瓦·爱迪生

托马斯·阿尔瓦·爱迪生是世界上公认的最伟大的发明家。迄今为止，世界上没有一个人能打破他创下的发明专利数世界纪录。

1847 年 2 月 11 日，爱迪生出生在美国俄亥俄州米兰镇。爱迪生从小就对很多事物感到好奇，而且喜欢亲自去试验一下，直到明白了其中的道理为止。有一次，他看到铁匠将铁块放在熊熊的烈火中烧红，然后锤打成各式各样的工具时，就晃着脑袋向铁匠提出一个又一个问题：火是什么东西？火为什么是红的？火为什么这么热？铁在火中被烧之后为什么会发红？铁红了为什么就变软了？回到家，小爱迪生在自家的木棚

里开始了他最初的实验。他抱来干草，并将其点燃，他想弄明白火究竟是什么。然而，小爱迪生的第一次实验就引来了一场火灾，将家中的木棚烧掉了。

还有一次，到了吃饭的时候，仍不见爱迪生回来，父亲和母亲很焦急，四下寻找，直到傍晚才在场院边的草棚里发现了他。父亲见他一动不动地

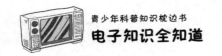
趴在草堆里，就非常奇怪地问："你这是干什么？"小爱迪生不慌不忙地回答："我在孵小鸡呀！"原来，他看到母鸡会孵小鸡，觉得很奇怪，总想自己也试一试。当时，父亲又好气又好笑地将他拉起来，告诉他，人是孵不出小鸡的。在回家的路上，爱迪生还迷惑不解地问："为什么母鸡能孵小鸡，我就不能呢？"

由于爱迪生对许多事情感兴趣，他也经常碰到危险。一次，他到储存麦子的房子里，不小心一头栽到麦囤里，麦子埋住了脑袋，动也不能动了。他差一点儿死去，幸亏有人及时发现，抓住爱迪生的脚把他拉了出来。他4岁那年，想看看篱笆上野蜂窝里有什么奥秘，就用一根树枝去捅，结果脸被野蜂蜇得红肿，几乎连眼睛都睁不开了。

长大以后，他就根据自己对科学的兴趣，一心一意从事研究和发明的工作。他在新泽西州建立了一个实验室，从此走上了发明的道路。

"最大的浪费莫过于浪费时间了。"爱迪生常对助手说。

一天，爱迪生在实验室里工作，他递给助手一个没上灯口的空玻璃灯泡，说："你量量灯泡的容量。"说完又低头工作了。过了半天，他问："容量多少？"他没听见回答，转头却看见助手拿着软尺在测量灯泡的周长、斜度，并用已测得的数字伏在桌上计算。他说："时间！时间！怎么能浪费那么多的时间呢？"爱迪生走过去，拿起那个空灯泡，向里面灌满了水，交给助手，说："把里面的水倒在量杯里，马上告诉我它的容量。"助手立刻读出了数字。爱迪生说："这是多么容易的测量方法啊！又准确，又节省时间，你怎么想不到呢？用尺子测量、计算岂不是白白地浪费时间？"助手的脸红了。爱迪生喃喃地说："人生太短暂了，太短暂了，要节省时间，多做事情啊！"

爱迪生为了做实验，往往连续几天不出实验室，不睡觉。实在累得不行了，就用书当枕头在实验桌上打个盹。有一天，他的朋友开玩笑说："怪不得爱迪生懂得那么多发明，原来他连睡觉都在吸收书里的营养。"

在埋头于研究的某一天，他到税务局去纳税。在长长的队列里排队等候时，他头脑还满是关于研究的事，叫到他的名字时他都没反应。正好旁边一熟人告诉他："你的名字不是叫托马斯·爱迪生吗？"可他却说："我好像在哪儿听到过这个名字。哦！对了，这不是我的名字吗？"对于这件事，他回忆说："那时虽然只不过3秒钟，可是即使有人说要我的命，我也无法想起自己的名字来。"

爱迪生把全部精力都用到了发明创造上，实验和研究成了他的第二生命，白炽灯可以说是爱迪生最广为人知的发明了。1878年9月，爱迪生开始研究电灯。1879年10月21日，电灯研制成功，为此爱迪生用了接近1600种材料进行试验，直到找到了一种碳化棉丝制成的灯丝，连续用了45个小时之后才被烧断，这是人类第一盏有广泛实用价值的电灯，这种电灯有"高阻力白炽灯""碳化棉丝灯"多种名称。

1880年，爱迪生派遣助手和专家们在世界各地寻找适用的竹子，有6000种左右，其中一种日本竹子所制碳丝最为实用，可持续点亮1000多个小时，达到了耐用的目的，这种灯称之为"碳化竹丝灯"。

1883年，爱迪生在灯泡内另行封入一根铜线，认为可以阻止碳丝蒸发，延长灯泡寿命。经过反复试验，碳丝虽然蒸发如故，但他却从这次失败中发现碳丝加热后，铜线上竟有微弱的电流通过，后来这种现象被称之为"爱迪生效应"。1904年英国物理学家弗莱明根据"爱迪生效应"发明了电子管。

1931年10月18日，在爱迪生弥留之际，医生和爱迪生的许多亲友都围坐在他的床前，眼看他的呼吸越来越微弱，可谁都无能为力。最后，爱迪生的心脏停止了跳动，就这样，一个世界上最伟大的发明家离我们而去了。

知识链接 >>>

托马斯·阿尔瓦·爱迪生，美国发明家、企业家，拥有众多重要的发明专利，被授予"门洛帕克的奇才"，是世界上第一个利用大量生产原则和其工业研究实验室来生产发明物的发明家。他拥有

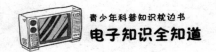
2000 余项发明，包括对世界有极大影响的留声机、电影摄影机和钨
丝灯泡等。在美国，爱迪生名下拥有 1093 项专利，而他在美国、英
国、法国和德国等地的专利数累计超过 1500 项。他是有史以来最伟
大的发明家。

电话的缔造者：亚历山大·贝尔

电报的发明，把人们想要传递的信息以每秒30万千米的速度传向远方，这是人类信息史上划时代的创举。但人们又有点不满足了，因为发一份电报，需要先拟好电报稿，然后再译成电码，交报务员发送出去；对方报务员收到报文后，得先把电码译成文字，然后投送给收报人。这不仅手续繁多，而且不能及时地进行双向信息交流；要得到对方的回电，还需要等较长的时间。

人们对电报弊端的不满，促使科学家们开始新的探索。

19世纪30年代，人们开始探索用电磁现象来传送音乐和语音的方法，其中最有成就的发明家是亚历山大·贝尔了。

亚历山大·贝尔，1847年生于苏格兰爱丁堡。他的家族有许多人都从事聋哑人的教育工作。

在贝尔6岁的时候，有一天，父亲以温和的口吻对贝尔说："孩子，世界上最痛苦的人莫过于盲人和聋哑人。他们和我们一样是人，可是眼睛不

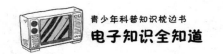

能看，耳朵不能听，嘴巴不能说话。漂亮的衣服和美丽的风景，盲人看不到；美妙的音乐和有趣的笑话，聋哑人听不见；我们可以谈笑自若，想到什么就说什么，但是，他们却被剥夺了这种权利。想起来，我们真是太幸福了。因此除了要感谢上帝以外，同时更要尽一己之力，去帮助他们，安慰他们，使他们尽量也能过上正常的生活。孩子，等你长大以后，一定要记着救助这些不幸的人！"

贝尔经常听到这样的教诲，所以，他以使聋哑者得到幸福作为自己终生的职志。

贝尔从小就拥有善良的心灵和灵活的头脑。他家附近有座水磨坊，里面住着一对父子。平常，一些粗重的工作都由年轻人担任。后来年轻人入伍当兵，留下老人独自磨粉以维持生活。碰到水少的时候，水车动不了，老人没办法磨粉，就只好饿肚子。贝尔很同情这位老人，便经常约一些小朋友去帮忙。

磨粉的工作实在很不轻松，一定要大家一起用力推，才能推动石磨。刚开始，大家觉得好玩，还肯用力帮忙，后来，一些小朋友厌倦了，便纷纷离去，只剩下贝尔一个人，自然就推不动了。

贝尔回到家里，坐在父亲的书房里苦思：怎样才能轻松地推动石磨呢？经过一个月的研究，他想出了一个好法子。首先，改良臼齿，以减少摩擦力，再利用麦粒的圆形，使双方互相挨着，这样，臼齿的转动就灵活多了。如此，他不仅帮了磨坊主人一个大忙，全村的人也争相仿制，大家都觉得改良过的石磨真是便利好用。

于是，才15岁的贝尔，成了全村人眼中的发明神童了。

由于家庭的影响，他从小就对声学和语言学有浓厚的兴趣。开始，他的兴趣是在研究电报上。有一次，当他在做电报实验时，偶然发现了铁片在磁铁前振动会发出微弱声音的现象，还发现这种声音能通过导线传向远方。这给贝尔很大的启发。他想，如果对着铁片讲话，不也可以引起铁片的振动吗？这就是贝尔关于电话的最初构想。

贝尔发明电话的想法得到了当时美国著名的物理学家约瑟夫·亨利的

鼓励。亨利对他说："你有一个伟大发明的设想，干吧！"当贝尔说到自己缺乏电学知识时，亨利说："学吧。"在亨利的鼓舞下，贝尔开始了实验。一次，在做实验时他不小心把瓶内的硫酸溅到了自己的腿上，痛得喊叫起来："沃森先生，快来帮我啊！"想不到，这一句极普通的话，竟成了人类通过电话传送的第一句语音。正在另一个房间工作的贝尔先生的助手沃森，是第一个从电话里听到声音的人。贝尔在得知自己制造的电话已经能够传送声音时，热泪盈眶。当天晚上，他在写给母亲的信中预言："朋友们各自留在家里，不用出门也能互相交谈的日子就要到来了！"这是 1876 年的事情。

1877 年，贝尔电话公司成立。1882 年，贝尔入籍美国，正式成为一个美国人。1915 年，贝尔应邀参加了为连接纽约和旧金山的大陆横贯电话线所举行的开通典礼。1922 年，贝尔去世，享年 76 岁。

正如贝尔所说的那样，电话的发明无疑给通信世界带来了巨大的影响。最初，每一对电话是用两根铁丝连接起来的，然后，交换台使电话线集中到一个地点。其他发明——如放大声音的真空管和在陆上及海底连接长距离的同轴电缆都极大地扩展了电话服务。到了 20 世纪 60 年代，通信卫星又消除了对地面线路的需要。今天，一束束的玻璃纤维用激光传递人们彼此间的通话，比起当初，又是一个巨大的进步，这一切都归功于贝尔当初的一个简单、真实的想法。

贝尔发明的电话标志着通信革命的开始，使人类这个大家庭彼此可以保持更密切的联系。今天我们的通信领域所取得的成就大多归功于贝尔，因此他也被人们誉为"电话之父"。

知识链接 >>>

关于电话的发明者尚存争议。贝尔 1876 年 3 月 10 日所使用的这部电话机的送话器，在原理上与另一位电话发明家伊莱沙·格雷的发明雷同，因而格雷便向法院提出起诉。一场争夺电话发明权的诉

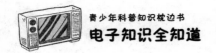

讼案便由此展开，并一直持续了 10 多年。最后，法院根据贝尔的磁石电话与格雷的液体电话有所不同，而且比格雷早几个小时提交了专利申请等因素，做出了大家已经知道结果的判决。美国国会 2002 年 6 月 15 日判定意大利人安东尼奥·梅乌奇为电话的发明者；加拿大国会则于 2002 年 6 月 21 日通过决议，重申贝尔是电话的发明者。

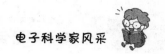
"不切实际"的伽利尔摩·马可尼

人类发明了电报和电话后，信息传播的速度大大超过了以往。电报、电话的出现缩短了各国人民之间的距离感。但是，当初的电报、电话都是靠电流在导线内传输信号，使通信受到很大的局限。比如，要通信首先要有线路，而架设线路则会受到自然地理条件的限制。高山、大河、海洋均给线路的架设和维护带来麻烦，进而增加了通信的困难。况且，极需要通信联络的海上船舶以及后来发明的飞机，因它们都是会移动的交通工具，所以无法用有线方式进行联络。无线电技术的出现，解决了这些问题。无线电通讯技术，使通信摆脱了依赖导线的方式。所以说无线电技术的发明是通信技术上的一次飞跃，也是人类科技史上的一个重要成就。

无线电技术就是利用无线电波传输信息的通信方式，传输声音、文字、数据和图像等。与有线电通信相比，不需要架设传输线路，不受通信距离限制，机动性好，建立迅速；但传输质量不稳定，信号易受干扰或易被截获，保密性差。

无线电通讯技术的发明者是伽利尔摩·马可尼。

1874 年 4 月 25 日，伽利尔摩·马可尼出生于意大利博洛尼亚市。父亲是一位意大利乡绅，名叫朱赛普·马可尼，母亲叫安妮·吉姆逊，是爱尔兰克斯福德郡达芬城人。伽利尔摩·马可尼是家中次子，后来成为意大利电气工程师和发明家，无线电技术的发明人，收音机即无线电接收机的发明者。他的家庭条件优越，从小便在家庭教师的细心关照下学习。在博洛尼亚大学学习期间，马可尼用电磁波进行约 2 千米距离的无线电通讯实验，获得成功。

少年时，马可尼不喜欢去正规的学校读书，而是经常泡在父亲的私人图书馆中，看各种书报。这对他日后的成就起了关键的作用。母亲也非常注重马可尼的兴趣培养，给他腾出一个房间作为实验室，还请了一位大学物理教授给马可尼做指导。这位教授不但允许马可尼使用学校的实验室，还同意他将实验仪器拿回家中，并且可以自由借阅学校图书馆的图书。而马可尼也没有辜负这位老师的好意，一口气将图书馆内所有关于电磁学的书籍阅读完毕，还做了大量的电磁学实验。

马可尼一直对物理和电学有着浓厚的兴趣，读过麦克斯韦、赫兹、里希、洛奇等人的著作。

1894 年，即赫兹去世的那年，马可尼刚满 20 岁，他在电气杂志上读到了赫兹的实验和洛奇的报告。这些实验清楚地表明了不可见的电磁波是存在的，这种电磁波以光速在空中传播。从小就喜欢摆弄线圈、电铃的马可尼，一头钻进了电磁波的研究中。他想，既然赫兹能在几米外测出电磁波，那么只要有足够灵敏的检波器，也一定能在更远的地方测出电磁波。经过多次的实验，他终于迈出了可喜的第一步。他在自家楼上安装了发射电波的装置，楼下放置了检波器，检波器与电铃相接。他在楼上一接通电源，楼下的电铃就响了起来。当马可尼的父亲看到了这个新奇的装置后，再也不叫他"不切实际的空想家"了，并开始给儿子经济资助，让他一心搞实验。马可尼初战告捷后，信心倍增。他大量收集资料和文章，不管这些文章的作者是有名气的还是无名气的，只要是对他有用、有所启发的文章，他都耐心阅读，仔细分析。他把各家的缺点分析清楚，把各人的长处集合起来，改进自己的机器。

第二年夏天，马可尼在父亲的庄园又完成了一次非常成功的实验。到了秋天，实验又获得了很大的进步。他把一只煤油桶展开，变成一块大铁板，作为发射的天线，把接收机的天线高挂在一棵大树上，用以增加接收的灵敏度。他还改进了洛奇的金属粉末检波器，在玻璃管中加入少量的银粉与镍粉混合，再把玻璃管中的空气排除掉。这样一来，发射方增大了功率，接收方也增加了灵敏度。他把发射机放在一座山岗的一侧，接收机安放在山冈另一侧的家中。当给他当助手的同伴发送信号时，他守候着的接收机接收到了信号，带动电铃发出了清脆的响声。这响声对他来说比动人的交响乐更悦耳动听。这次实验的距离达到 2.7 千米。

1896 年，马可尼携带着自己的装置到了英国，在那里认识了邮政总局的总工程师威廉·普利斯。这年年末马可尼取得了世界无线电报系统第一个专利。他在伦敦、萨里斯堡平原以及跨越布里斯托尔湾成功地演示了他的通信装置。1897 年 7 月，马可尼成立了"无线电报及电信有限公司"，同年改名为"马可尼无线电报有限公司"，又在斯佩西亚向意大利政府演示了19 千米的无线电信号发送。1899 年，他建立了跨越英吉利海峡的法国和英国之间的无线电通信。他在尼德尔斯、怀特岛、伯恩默斯，以及哈芬旅社、普尔和多塞特建立了永久性的无线电台。

1901 年他发射的无线电信息成功地穿越大西洋，从英格兰传到加拿大的纽芬兰省。

这项发明的重要性在一次事故中戏剧性地显示出来。那是 1909 年"共和国"号汽船由于碰撞遭到毁坏而沉入海底时，由于无线电信息起了作用，除 6 人外其他人员全部得救。同年，马可尼因其发明而获得了诺贝尔奖。翌年，他发射的无线电信息成功地穿越 9656 千米的距离，从爱尔兰传到阿根廷。

所有这些信息都是利用莫尔斯电码的虚线系统发射的。当时就已经知道声音也可以用无线电传播，但是这大约在 1915 年才得以实现，用于商业的无线电广播在 20 世纪 30 年代初期才刚刚开始，但是它的普及和意义随

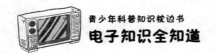

后则迅速地增长。

1937年，马可尼与世长辞，意大利罗马有近万人为他送葬，同时，英国所有无线电报和无线电话以及大不列颠广播协会的广播电台停止工作两分钟，向这位无线电领域的伟大人物致哀。1943年美国最高法院宣布马可尼的无线电专利无效，认定尼古拉·特斯拉享有对无线电的专利，这一决定认定特斯拉的发明在马可尼的专利之前就已完成。虽然这一判决否认了马可尼的专利权，但无法否认马可尼在无线电领域的巨大贡献。

知识链接 >>>

今天人类社会在无线电的研究、开发和应用方面取得了十分辉煌的成就。无线电经历了从电子管到晶体管，再到集成电路，从短波到超短波，再到微波，从模拟方式到数字方式，从固定使用到移动使用等各个发展阶段，无线电技术已成为现代信息社会的重要标志之一。

电子的发现人：约瑟夫·约翰·汤姆逊

约瑟夫·约翰·汤姆逊，1856 年 12 月 18 日生于英国曼彻斯特，英国物理学家，电子的发现者，世界著名的卡文迪许实验室第三任主任。

汤姆逊的父亲是一个专门印制大学课本的商人，由于职业的关系，结识了曼彻斯特大学的一些教授。汤姆逊从小学习很认真，14 岁便进入了曼彻斯特大学。在大学学习期间，他受到了司徒华教授的精心指导，加上他自己的刻苦钻研，学业提高很快。

1876 年，汤姆逊 20 岁，被保送进了剑桥大学三一学院深造。1880 年，他参加了剑桥大学的学位考试，以第二名的优异成绩取得学位，随后被选为三一学院学员，两年后又被任命为大学讲师。他在数学和物理学方面具有很高修养，先后发表了《论涡旋环的运动》和《论动力学在物理学和化学中的应用》等论文。1884 年，28 岁的汤姆逊在瑞利的推荐下，担任了卡文迪许实验室物理学教授。从此汤姆逊开始潜心研究电学课题。

当时还没有"电子"这个概念，人们甚至都没有意识到它的存在。早

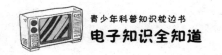
在 1858 年，德国的盖斯勒制成了低压气体放电管，即盖斯勒管。1859 年，德国的普吕克尔利用盖斯勒管进行放电实验时，看到了正对着阴极的玻璃管壁上产生出绿色的光。1876 年，德国的戈尔兹坦提出，玻璃壁上的辉光是由阴极产生的某种射线所引起的，他把这种射线命名为阴极射线。阴极射线是由什么组成的？19 世纪末时，有的科学家说它是电磁波；有的科学家说它是由带电的原子所组成；有的则说是由带阴电的微粒组成。众说纷纭，一时得不出公认的结论。英法的科学家和德国的科学家们对于阴极射线本质的争论，延续了 20 多年。

1897 年汤姆逊也开始研究这种射线。汤姆逊的实验过程是这样的，他将一块涂有硫化锌的小玻璃片，放在阴极射线所经过的路途上，看到硫化锌会发闪光。这说明硫化锌能显示出阴极射线的"径迹"。他发现在一般情况下，阴极射线是直线行进的，但当在射击线管的外面加上电场，或用一块蹄形磁铁跨放在射线管的外面，阴极射线都发生了偏折。根据其偏折的方向，不难判断出带电的性质。

汤姆逊通过这个实验得出结论：这些"射线"是带负电的物质粒子。但他反问自己："这些粒子是什么呢？它们是原子还是分子，还是处在更细的平衡状态中的物质？"这需要做更精细的实验，当时还不知道比原子更小的东西，因此汤姆逊假定这是一种被电离的原子，即带负电的"离子"。他要测量出这种"离子"的质量来，为此，他设计了一系列既简单又巧妙的实验。首先，单独的电场或磁场都能使带电体偏转，而磁场对粒子施加的力是与粒子的速度有关的。汤姆逊对粒子同时施加一个电场和磁场，并调节到电场和磁场所造成的粒子的偏转互相抵消，让粒子仍作直线运动。这样，从电场和磁场的强度比值就能算出粒子运动速度。而速度一旦找到后，单靠磁偏转或者电偏转就可以测出粒子的电荷与质量的比值。汤姆逊发现这个比值和气体的性质无关，并且该值比起电解质中氢离子的比值还要大得多，这说明这种粒子的质量比氢原子的质量要小得多。前者大约是后者的二千分之一。

后来，美国的物理学家罗伯特·密立根在 1913 年到 1917 年的油滴实验中，精确地测出了新的结果。汤姆逊测得的结果肯定地证实了阴极射线是由电子组成的，人类首次用实验证实了一种"基本粒子"——电子的存在。"电子"这一名称是由物理学家斯通尼在 1891 年采用的，原意是定出的一个电的基本单位的名称，后来这一词被应用来表示汤姆逊发现的"微粒"。自从发现电子以后，汤姆逊就成为国际上知名的物理学者。在这之前，一般都认为原子是"不能分割"的东西，汤姆逊的实验指出，原子是由许多部分组成的。这个实验标志着科学的一个新时代的来临，所以人们称汤姆逊是"一位最先打开通向基本粒子物理学大门的伟人"。

1905 年，汤姆逊被任命为英国皇家学院的教授；1906 年荣获诺贝尔物理学奖；1916 年任皇家学会主席。他并没有因此而停步不前，仍一如既往、兢兢业业，继续攀登科学的高峰。汤姆逊既是一位理论物理学家，又是一位实验物理学家，他一生所做过的实验是无法计算的。正是通过反复地实验，他测定了电子的荷质比，发现了电子。又在实验中，创造了把质量不同的原子分离开来的方法，为后人发现同位素提供了有效的方法。汤姆逊在担任卡文迪许实验物理教授及实验室主任的 34 年间，着手更新实验室，引进新的教授法，创立了一个极为成功的研究学派。

汤姆逊对自己的学生要求非常严格，他要求学生在开始做研究之前，必须学好所需要的实验技术。进行研究所用的仪器全要自己动手制作。他认为大学应是培养会思考、有独立工作能力的人才的场所，不是用"现成的机器"投影造成出"死的成品"的工厂。因此，他坚持不让学生使用现成的仪器，他要求学生不仅是实验的观察者，更是做实验的创造者。在他的学生中，有 9 位获得了诺贝尔奖。

汤姆逊的著作很多，如《电与磁的现代研究》《电与磁基本理论》等。在他成名之后，好多国家邀请他去讲学，但他从不轻易应允。如美国著名的普林斯顿大学曾几度请他去讲学，最后他才答应去讲 6 个小时。他讲授的内容相当重要，对核物理有一定的价值。这足以说明他治学十分严谨，不讲则已，讲则要有新的创见。

1940 年 8 月 30 日，汤姆逊逝世于剑桥。他的骨灰被安葬在西敏寺的中

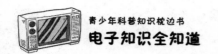

央，与牛顿、达尔文、开尔文等伟大科学家的骨灰安放在一起。

 知识链接 >>>

　　电子是一种基本粒子，重量为质子的1/1836，围绕原子核做高速运动。电子通常排列在各个能量层上。当原子互相结合成为分子时，在最外层的电子便会由一原子移至另一原子或成为彼此共享的电子。电子属于亚原子粒子中的轻子类。轻子被认为是构成物质的基本粒子之一，即其无法被分解为更小的粒子。

电子二极管的发明者：弗莱明

　　时光倒退几十年，人们使用的大都是电子管收音机。打开电源开关，要等1分多钟，收音机才会慢慢地响起来。这种收音机普遍使用五六个电子管，输出功率只有1瓦左右。但是，就是这种简陋的、功能有限的收音机，给当时的人们带来了无穷的欢乐。那么，电子管又是谁发明的呢？

　　说起发明者，我们首先得从"爱迪生效应"谈起。

　　1883年，美国著名科学家爱迪生在研究延长白炽灯的寿命时，做了一个实验。他在与碳丝绝缘的电极上焊了一小块金属片，发现金属片虽然没有与灯丝接触，但是在灯丝加热时，这块金属片上就会有电流流过。爱迪生并不重视这个现象，不久便放弃了这项实验，只是把它记录在案，申报了一个未找到任何用途的专利。这实际上是人类最早发现的热电子发射现象，后来称为"爱迪生效应"。

　　在此之前，意大利的马可尼、俄国的波波夫各自独立地发明了无线电通信，轰动了整个世界。遗憾的是，这种通信的有效距离十分有限，主要

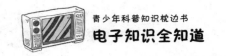
原因是收报机中那个老式的金属屑检波器性能较差，检波速度慢，还要定期清洗玻璃管中凝聚的铁屑。检波器的作用是把高频电磁波所携带的信息，如电台的播音等，转换为人们能接受的形式。为了发明一种性能良好的新式检波器，包括马可尼在内的许多科学家曾做过许多次实验，但效果均不理想。这时，马可尼公司有一位工程师叫弗莱明，他灵机一动，心想利用"爱迪生效应"不正可以将交流电转化成直流电吗？于是，他用一个金属圆筒代替了爱迪生所用的金属丝，套在灯丝外面，和灯丝一起被封在玻璃泡里。这样，接收电子的面积大大增加了。经过实验，检波效果十分理想。

弗莱明发明的检波器彻底取代了旧式的检波器，具有划时代的意义。他在研究中发现，把灯泡中用金属片做的板极接电源正极，在电场作用下，灯丝发射出的电流就会趋向板极，从而使灯丝和板极之间的电路导通。如果板极与电源负极相连，灯丝发射的电子不能到达板极，灯丝与板极之间就没有电流。

由于金属筒接正电、灯丝接负电时才有电流通过，因此弗莱明将金属筒称为"阳极"，将灯丝称为"阴极"。这种新诞生的器件，其作用相当于一个只允许电流单向流动的阀门，弗莱明就干脆把它叫作"热离子阀"。这种阀后人将其称为"真空二极管"。

所以，弗莱明在1904年研制出的在无线电报接收机中用作检波器的真空二极管，就是通常所说的电子管，标志着人类第一支电子管的诞生，世界从此进入了电子时代。它的诞生，离不开爱迪生和马可尼两位发明家的研究基础，也离不开弗莱明的综合应用和持之以恒的努力。

电子管的发明，给弗莱明带来的不仅是鲜花和掌声，还有金钱和荣耀。1904年，他因发明真空二极管获得专利，并因此于1929年获得爵士爵位。在很长一段时间内，电子管在人们生活中发挥着重要作用：电视机的显像管是一种电子管；家用微波炉中产生微波的主要器件是电子管；广播、电视、通信发射机里的大功率发射电子管……但随着电子技术的进步，电子管从兴旺走向衰败，令人大有"无可奈何花落去"之感，但电子管在人类科技发展史上所占有的地位是不容忽视的。展望未来，电子管在相当长的

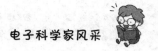

一段时间内还将继续发挥重要作用。

知识链接 >>>

　　弗莱明在变压器设计、白炽灯、光度学、电气测量、低温下材料性能的研究等方面均有贡献。弗莱明一生共发表论文100多篇。我们中学物理学中的右手定则和左手定则，也都是弗莱明提出的。弗莱明发明了真空电子二极管之后，美国人德福雷斯特在弗莱明的基础上发明了实用性更强的真空电子三极管。弗莱明的贡献是功不可没的。

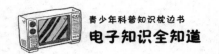
孤僻的李·德福雷斯特

1873 年 8 月 26 日，李·德福雷斯特出生于美国中西部爱荷华州，他从小就很少与人交往，养成了较孤僻的性格。孩提时期的德福雷斯特并不出众，被老师认为是个平庸的孩子。他平时唯一的喜好是拆装各种机械小玩意儿。由于他的坚持，13 岁便发明了好几种小机器。虽然父亲希望儿子将来成为一名牧师，但德福雷斯特暗自决定以科学研究作为自己一生的奋斗目标。20 岁那年，他考取了耶鲁大学谢菲尔德理学院的奖学金，班上的同学都叫他"学校里最平庸、最神经质的学生"，除了电学，特别是电磁波传播之外，他似乎对其他事情都不感

兴趣。由于奖学金很少，德福雷斯特不得不在学习之余去打工。

毕业后的德福雷斯特本应留在大学任教，但有一件事情却改变了他的人生轨迹。

1899 年秋，德福雷斯特正在撰写博士论文《平行导线两端赫兹波的反射作用》，其内容可能是当时美国所有大学里第一篇涉及无线电波的文章。在此期间，一年一度的国际快艇比赛就要在纽约揭开序幕，可这一盛大赛

事因意大利无线电发明家马可尼的来访显得黯然失色。连篇累牍的宣传报道，把马可尼将要进行无线电表演的消息搅得沸沸扬扬，德福雷斯特决定前往。

那天清晨，马可尼准时登上了停泊在港口的一艘军舰，及时地把比赛的消息用无线电报拍发回来。整整 5 个小时，《纽约先驱论坛报》的总部收到了马可尼发来的四千多字的新闻报道，使美国新闻记者们大开眼界，叹为观止。

观众簇拥着马可尼走下军舰，热情的人们要求"无线电之父"马可尼在港口为他们做一次现场演示。德福雷斯特大胆走到马可尼的身后，仔细研究起无线电设备来。马可尼毫无保留地向这个青年学生讲解了无线电发报机的原理，并且告诉他，由于"金属屑检波器"的灵敏度太差，严重影响收发效果。正是与马可尼的这次谈话，使德福雷斯特立下了发明创新的宏图大志。

毕业后，德福雷斯特首先在芝加哥西方电气公司实验室工作，不久后便发明了电解检波器和交流发射机。1902 年，他在纽约泰晤士街租了间破旧的小屋，创办了德福雷斯特无线电报公司，一心一意想要发明出更先进的无线电检波装置。同时，他也要以自己的发明，向美国公众展示无线电应用前景。

就在研究进展不太顺利的时候，英国人弗莱明发明了真空二极管的消息传来，像闪电一般照亮了他前行的道路。德福雷斯特再也坐不住了，他一路小跑穿街走巷，选购玻璃管，添置真空抽气机，为自制电子管寻找材料。他一边跑一边思考，等到材料凑齐，设计方案也基本构思成熟。他选择了一段白金丝制作灯丝，在灯丝附近安装了一小块金属屏板，把玻璃壳抽成真空通电后，果然也"追寻"到电子的踪迹。德福雷斯特不愿就此中止有趣的实验。他沉思了一会儿，突然抓起一根导线，弯成"Z"型，小心翼翼地把它安装到灯丝与金属屏板之间的位置。这根导线，或许他想用来同时接收灯丝发射的电子，或许还想派上其他什么用途。殊不知他装上的这根小小的导线，竟会影响到 20 世纪电子技术的发展

进程。

德福雷斯特极其惊讶地发现，Z型导线装入真空管内之后，只要把一个微弱的变化电压加在它的身上，就能在金属屏板上接收到更大的变化电流，其变化的规律完全一致——德福雷斯特发现的正是电子管的"放大"作用。后来，他又把导线改用像栅栏形状的金属网，于是，他的电子管就有了三个"极"——丝极、屏极和栅级，其中栅极承担着控制放大电信号的任务。1907年，德福雷斯特向美国专利局申报了真空三极管（电子管）的发明专利。真空三极管诞生了。

真空三级管主要用在无线电装置里，可是，人们不久还发现，真空三极管除了可以处于放大状态外，还可充当开关器件，其速度要比继电器快上万倍。真空三级管很快受到计算机研制者的青睐，计算机历史也因德福雷斯特而跨进了电子的纪元。

真空三极管的发明和应用在电子技术史上具有划时代意义，它为通信、广播、电视、计算机等技术的发展铺平了道路，并奠定了近代电子工业的基础。

1961年7月30日，88岁高龄的李·德福雷斯特在加利福尼亚的好莱坞去世，下葬于绿树环绕的圣弗朗多公墓。

德福雷斯特是一位多产的发明家，一生获得了多达300项专利。除了电子管之外，他的发明还包括在电影胶片边缘录制声音的技术，医学上使用的高频电热理疗机等。但德福雷斯特在商业上却屡屡失败，技术发明并没有给他带来什么经济效益，许多重要的专利都以低价卖给了美国电话电报公司，就连电子管放大器的专利，也只卖了39万美元。但是，他的发明却为他赢得了"无线电之父""电视始祖"和"电子管之父"的称号。

知识链接 >>>

德福雷斯特因为发明了三极管，所以也被称为"无线电之父"，但在他的研制初期，他的日子是艰难竭蹶的。有一次，他为了给此项发明筹措多一些的现金，使用了欺骗人的邮件，从而被捕入狱。像许多发明家一样，他不是一个很成功的生意人，常常忙于诉讼，他的钱财是左手进右手出的。然而，掌握着900亿美元电子工业的德福雷斯特三极管，保持了整整一代的发明地位，直到肖克利晶体管的问世，才使它相形失色。

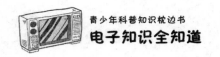

晶体管的发明者之一：沃尔特·布拉顿

我们今天使用的所有电子设备离开晶体管都将无法使用。晶体管是微处理器的主要组件，也是我们今天许多产品的必备元件，如电视、汽车、收音机、医疗设备、家用电器、计算机，甚至宇宙飞船等。

晶体管就像一个微型的"通断开关"，它的首次使用是在音频信号的扩大中。正是其微型开关的角色，使得芯片中可以放置数亿个晶体管，而芯片也得以成为人们日常使用的电子设备的心脏。

沃尔特·布拉顿是美国物理学家，1902年2月10日生于中国厦门市，1928年获明尼苏达大学博士学位，1929年在贝尔实验室研究物理学。1947年12月23日，布拉顿与约翰·巴丁和威廉·肖克利发明了点接触型的锗晶体管，并因此共同获得了1956年的诺贝尔物理学奖。晶体管的发明是20世纪最重要的发明之一，当然，它对20世纪和21世纪日常生活的影响是无法估计的。

肖克利于1936年应邀到贝尔实验室工作，他与布拉顿志趣相投，一见如故。肖克利专攻理论物理，布拉顿则擅长实验物理，两人的知识结构相得益彰，大有相见恨晚的感觉。工作之余，他们也常聚在一起探讨问题。从贝尔电话上的继电器，到弗莱明、德福雷斯特发明的真空管，凡是涉及当时电子学中的热门话题无所不谈。直到有一天，肖克利讲到一种矿石时，思想碰撞的火花终于引燃了"链式反应"。两人都认为这一类晶体矿石有一些很奇妙的特性，很有可能会影响到未来电子学的发展方向。

如果不是第二次世界大战爆发，肖克利和布拉顿或许早就"挖掘"到了"珍宝"，然而，战争来临，肖克利和布拉顿先后被派往美国海军部从事军事方面的研究，刚刚开始的半导体课题遗憾地被战火中断。

1945年，"二战"的硝烟刚刚消散，肖克利便一路风尘地赶回贝尔，并带来了另一位青年科学家巴丁。肖克利向布拉顿介绍说，巴丁是普林斯顿大学的博士，擅长固体物理学。巴丁的到来，为肖克利与布拉顿的后续研究注入了新的活力，他渊博的学识和固体物理学专长，恰好弥补了肖克利和布拉顿知识结构的不足。

贝尔实验室迅速批准固体物理学研究项目上马，由肖克利领衔，布拉顿、巴丁等人组成的半导体小组把目光盯住了那些特殊的"矿石"。肖克利首先提出了"场效应"半导体管实验方案，然而首战失利，他们并没有发现预期的放大作用。

1947年圣诞节前夕，一天中午，布拉顿和巴丁不约而同地走进实验室。在此之前，由于有巴丁固体表面态理论的指导，他俩几乎接近了成功的边缘。实验表明，只要将两根金属丝的接触点尽可能地靠近，就可能引起半导体放大电流的效果。但是，如何才能在晶体表面形成这种小于0.4毫米的触点呢？布拉顿精湛的实验技艺开始大显神威。他平稳地用刀片在三角形金箔上划了一道细痕，恰到好处地将顶角一分为二，分别接上导线，随即准确地压进锗晶体表面的选定部位。电流表的指示清晰地显示出，他们得到了一个有放大作用的新电子器件！布拉顿和巴丁兴奋地大喊起来，闻声而至的肖克利也为眼前的奇迹感到格外振奋。布拉顿在笔记本上这样写道："电压增益100，功率增益40……实验演示日期1947年12月23日下午。"作为见证者，肖克利在这本笔记上郑重地签了名。

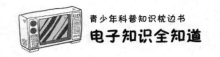

沃尔特·布拉顿于 1987 年去世，享年 85 岁。

沃尔特等人发明的晶体管是一种固体半导体器件，有检波、整流、放大、开关、稳压、信号调制等许多功能。因为晶体管的性能优越，诞生之后便被广泛地应用于工农业生产、国防建设以及人们的日常生活。

知识链接 >>>

正是其晶体管微型开关的角色，使得芯片中可以放置数亿个晶体管，而芯片也得以成为人们日常使用的电子设备的心脏，这些电子设备有电脑、笔记本电脑和服务器、移动电话、微波、汽车等，简直举不胜举。相比第一款晶体管收音机中放置 4 个晶体管，如今处理器中的晶体管数量已经超过 8.2 亿个。更有趣的是晶体管并不比普通的电灯开关做得工作多："接通"或"断开"。晶体管的接通状态标记为 "1"，断开状态标记为 "0"。

彩色电视的发明者：约翰·洛吉·贝尔德

约翰·洛吉·贝尔德，英国发明家，电视的发明者。他和费罗·法恩斯沃斯、维拉蒂米尔·斯福罗金各自独立发明了电视。

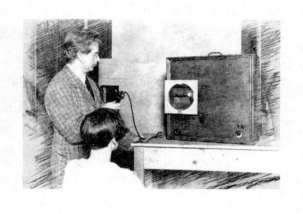

1888年8月13日，贝尔德出生在苏格兰海伦斯堡一个牧师的家里。少年时贝尔德就读于皇家技术学院，正是在这里他听到了有关电视实验的情况。青年时他在格拉斯哥大学求学，毕业后，曾经营过肥皂业，但是他的兴趣不在于此，他迷恋上了研究电视。

1906年，年仅18岁的贝尔德从故乡苏格兰移居到英格兰西南部的黑斯廷斯，在那里他建立了一个实验室，着手对电视的研究。贝尔德没有实验经费，只好从旧货摊、废物堆里觅来种种代用品，装配了一整套用胶水、细绳、火漆及密密麻麻的电线串联起来的实验装置。

贝尔德用这套装置夜以继日地进行实验，专心地装了又拆，拆了又装，不断加以改进。失败一次又一次接踵而来，贝尔德从一个稚嫩的小伙子变成了满脸胡子的中年人，长期的饥饿与劳累使得他的健康状况变得极坏。

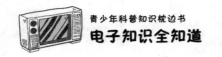

他贫病交加，不名一文，但仍一心扑在电视的相关实验上。1923年的一天，一个朋友告诉他："既然马可尼能够远距离发射和接收无线电波，那么发射图像也应该是可能的。"这使他受到很大启发。

贝尔德决心要完成"用电传送图像"的任务，最初他使用的方式还是图片和硒板，但最终得到的只是静止的图像。如何才能得到活动的图像呢？为了这个实验的成功，贝尔德不仅花光了自己所有的积蓄，还不断和朋友借钱，到最后只好利用身边一切可用的材料作为他发明电视机的实验装置。

经过上百次的反复尝试，1924年春天，贝尔德终于成功地发射了一朵"十字花"，那图像还只是一个忽隐忽现的轮廓，发射距离只有3米。然而，他突然变成伦敦报界的新闻人物了，但这不是由于他实验的成功，而是由于一次几乎使他送命的意外事故。原来为了得到2000伏的电压，他把几百只手电筒连接起来，一不小心触及了一根连接线，电流立即把他击倒在地，他一只手烧伤，身体蜷成一团，不省人事。

1925年的一天，伦敦一家最大的百货商店的老板找上门来，向贝尔德提出了一个诱人的合同，每周会给他25英镑，免费提供一切必要材料，条件是贝尔德每天在该百货商店电器部用新发明进行公开表演。这位发明家虽然知道这套设备对广大公众公开表演还为时过早，但为解决研究经费，只得同意签订和约。于是塞尔弗里奇百货商店腾出电器部一角供他使用，一面贴出告示招揽顾客。自此，百货商店每天顾客盈门，一批又一批的人群赶来观看贝尔德发明的东西。可是，面对发射机和接收机，几乎没人真正明白它的意义。观众所看到的只是模糊不清的影子和闪烁不定的轮廓，大多数人对贝尔德的"非凡发明"只是耸耸肩膀或付之一笑。贝尔德对这种把戏似的表演也厌烦透了，他向塞尔弗里奇百货商店提出了终止合同的要求。这使他再一次陷入困境。晚饭有一顿没一顿，省下一点可怜的饭钱用于添置设备，衣服破了，鞋子穿洞，他都无钱修补，身体变得更加糟糕。因为没有钱付房租，房东扬言叫人把他赶出去。

贝尔德为了寻找经济资助人，拖着疲惫的步子，走遍了伦敦的大街小巷。他访问报馆，想通过报纸的宣传引起人们的关注，但记者们都已经看到贝尔德在商店的表演，几乎都回答说："你能传送一张脸给大家看，这就是我们的新闻啦！"好几次，他一到报馆门口就被门卫拒之门外，因为门卫早被吩咐"把那个疯子赶紧打发走"。电视的诞生几乎到了山穷水尽的地步了，无奈之下，贝尔德走出了他最不愿走的一步——向苏格兰老家要钱。对于家里能否寄钱，他实在不抱多大希望。苏格兰人是讲究节俭的，哪里肯把花花绿绿的钞票花在他那毫无把握的实验上呢？然而，意外之事发生了，苏格兰寄来了 500 英镑。这是两个堂兄弟汇给他作为入股资金的。这真使他绝处逢生，很快一家小规模的"电视有限公司"宣告成立。原先卖掉换取粮食的实验部件，贝尔德又迫不及待地买了回来。他开足马力，实验一件又一件的装置。他唯一的助手，是一个木偶头像，他为它取名为"比尔"。他要通过发射机把比尔的脸传送到邻室的接收机上。经过长时间的艰苦奋斗和无数次失败之后，贝尔德终于用电信号将人的影像搬上了屏幕。

1925 年 10 月 2 日是贝尔德一生中最为激动的一天。这天，他在室内安上了一具能使光线转化为电信号的新装置，希望能用它把比尔的脸显现得更逼真些。下午，贝尔德按动了新装置上的按钮，比尔的图像清晰而逼真地显现出来。他简直不敢相信自己的眼睛，他揉了揉眼睛再次仔细地看，那不正是比尔的脸吗？那脸上光线浓淡层次分明，细微之处清晰可辨，那嘴巴、鼻子，那眼睛、睫毛，那耳朵和头发，无一不一清二楚。贝尔德兴奋得一跃而起，此时浮现在他脑海中的只有一个念头，赶紧找一个活的比尔来，传送一张活生生的人脸出去。

贝尔德楼底下是一家影片出租商店。这天下午，店内正在营业，突然楼上搞发明的家伙闯了进来，碰上一个人便抓住不放。那个被抓的人便是年仅 15 岁的店堂伙计威廉·台英顿。几分钟之后，贝乐德在"魔镜"里便看到了威廉·台英顿的脸——那是通过电视播送的第一张人的脸。

实验成功了！贝尔德兴奋异常，他多年的梦想——发明"电视"实现了。虽然还谈不到完美，但却是一次成功的实验。紧接着，贝尔德说服

富有的公司老板戈登·塞尔弗里奇为他提供赞助后，更加专心地研究起电视来。

1926年1月26日，科学院的研究人员应邀光临贝尔德的实验室，放映结果非常成功，引起了极大的轰动。这是贝尔德研制的电视第一天公开播送，世人将这一天作为电视诞生的日子。

为了把自己的发明推向大众，贝尔德做了很多次大众实验，并最终得到了赞助商的信任。1928年，贝尔德研制出彩色立体电视机，并成功地把图像传到大西洋边，这是卫星电视的雏形。1936年，贝尔德的电视梦被性能更好的电气和乐器工业公司的全电子系统击败，他只好转而去研究新的彩色系统，最后事未竟，身先亡。1946年，贝尔德抱恨去世时，电视技术已经非常成熟了，而他，甚至都不是电视这种机器的命名者，虽然没有人可以否认他是电视的发明者。

知识链接 >>>

贝尔德发明的电视不同于费罗·法恩斯沃斯和维拉蒂米尔·斯福罗金发明的电视，他发明的电视是机械扫描电视，他的扫描仪器有三个摄像管，分别摄取红、绿、蓝三种颜色的图像。

电子计算机的发明者：约翰·阿塔那索夫

世界上最早的计算机被称为 ABC 计算机，ABC 计算机中有两个长 11 英寸、直径 8 英寸的酚醛塑料做成的鼓，保存数据的电容就放在这两个鼓上，鼓的容量是 30 个二进制数，当鼓旋转时，就可以把这些数读出来。它的发明者是约翰·阿塔那索夫。

阿塔那索夫是保加利亚移民的后裔，1903 年 10 月 4 日生于美国哈密尔顿，是计算机的真正发明人。他的父亲是一个电气工程师，母亲是一位小学老师。阿塔那索夫年幼时，全家即迁居佛罗里达州的波克县，因为其父在那里的一个磷酸矿找到了一份待遇不错的工作。他们家是当地第一批安上电灯的，当灯光照亮房间的时候，阿塔那索夫立刻被这神奇的电灯所吸引，他总是缠住电气工程师的父亲问这问那。阿塔那索夫 9 岁时，他父亲给了他一把新的计算尺。阿塔那索夫爱不释手，仔细阅读了使用说明书，经过反复练习，两个星期后就能用它解各种各样复杂的问题了。

1921 年阿塔那索夫中学毕业，考入了佛罗里达大学，1925 年毕业，取得电气工程学士学位。之后他进入爱荷华州立大学，一边工作，一边念研

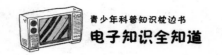
究生，1926 年获得数学硕士学位。然后又进入威斯康星大学，1930 年取得物理学博士学位。他的博士论文课题是"氦的介电常数"。完成学业以后，他回到母校爱荷华州立大学，同时在数学系和物理系任教。

阿塔那索夫对研制计算机产生兴趣始于 20 世纪 30 年代中期，起源于他指导研究生做课题时常常有大量的计算，而当时的计算工具难以满足需要。阿塔那索夫为此曾尝试把 30 台蒙络计算机连起来，用一根公共轴驱动来解题，但依然太慢：解有 29 个未知数的 29 个联立方程式花了 381 个小时，而且误差还很大。在解决一个理论物理方面的问题时，他又尝试过把几台不同的制表机连在一起以提高计算效率，取得了一定效果，1936 年他就此还发表了一篇论文，但这离阿塔那索夫的理想仍太远。这段时间，他几乎把当时可用的各种计算工具——机械式和机电式计算器、穿孔卡片计算机、微分分析器都研究了一遍，并第一次把它们明确地分成"数字计算机"和"模拟计算机"两大类。在这些工作的基础上，20 世纪 30 年代末期，阿塔那索夫逐渐明确了他的目标：建造电子数字计算机从根本上改善计算工具。他为此定下 4 个主要方向：

（1）用电子管这种器件和电路代替机械部件。

（2）用二进制代替十进制进行运算。

（3）计算通过一连串顺序的逻辑动作实现，而不是通过"计数"实现。

（4）机器中要有能保存数的"存储器"。存储元件采用能充电和放电的电容器。

方案大体成熟以后，阿塔那索夫在他的一名学生贝利的帮助下开始实施计划。贝利对机械和电子学相当熟悉，和作为理论物理学家的阿塔那索夫配合，1939 年 11 月样机就完成了。又经过几年的努力，到 1942 年，阿塔那索夫设计的计算机终于完成。他把这台机器命名为"ABC 计算机"，即"Atanasoff-Berry Computer"，以纪念他和贝利之间的合作以及贝利所做出的贡献。

然而，在很长时间内，阿塔那索夫及其 ABC 计算机都默默无闻，不为世人所知。究其原因大约有以下三点。一是爱荷华地处美国中西部，当时还比较闭塞，爱荷华州立大学（当时还叫学院）也没有什么名气，其研究工作不为世人所关注；二是阿塔那索夫的研究工作没有得到美国政府和军方的资助，完全属于"自拟课题"；三是阿塔那索夫 1942 年 9 月应征入伍，到海军装备实验室工作，中止了在 ABC 上的工作，后来连机器也被学校拆掉了。此外，由于种种原因，ABC 也未申请专利。因此，直到 20 世纪 70 年代，斯佩里·兰德（Sperry Rand）公司和霍尼韦尔（Honeywell）公司为 ENIAC（电子数字积分计算机，世界上第二台计算机）专利的事打起官司来，阿塔那索夫被卷入其中，才开始扬名于世。

事情的原委是 1940 年 12 月，阿塔那索夫参加在费城举行的美国科学促进协会年会时遇到了莫奇利，两个人都对计算机感兴趣，谈得很投机；次年 6 月莫奇利去拜访了阿塔那索夫，参观了 ABC 机（当时已接近完成），看了设计图纸和资料。因此诉讼中涉及莫奇利和埃克特的 ENIAC 专利是否有效的问题，是否剽窃了阿塔那索夫的思想的问题。经过马拉松式的听证和审判过程，1973 年法院判决莫奇利和埃克特的 ENIAC 不是他们自己发明的，而是由阿塔那索夫的研究中导出的，因此 ENIAC 专利无效。这样，阿塔那索夫赢了这场官司，被称为"电子计算机之父"，声名大振。事实上，对这个判决，学术界和舆论界分歧很大，支持和反对的两种呼声都很高。我们这里也不作评判。应该说，IEEE 计算机学会对这三人都授予了计算机先驱奖是比较客观和公正的，三人各有其功劳。有评论说，ABC 机是一颗"近失弹"，即没有正中目标，但非常接近目标，这是比较实事求是的。

除了获得计算机先驱奖外，IEEE 计算机学会在 1990 年还授予阿塔那索夫"电气工程里程碑奖"。同年，布什总统亲自授予他全国技术奖章。阿塔那索夫是保加利亚科学院外籍院士，1970 年，保加利亚政府授予他最高奖励。1983 年，爱荷华州立大学校友会授予他杰出成就奖。1995 年 6 月 15 日，阿塔那索夫在马里兰州的家中去世，享年 92 岁。

知识链接 >>>

　　二进制是计算技术中广泛采用的一种数制。二进制数据是用 0 和 1 两个数码来表示的数。它的基数为 2，进位规则是"逢二进一"，借位规则是"借一当二"，由 18 世纪德国数理哲学大师莱布尼兹发明。当前的计算机系统使用的基本上是二进制系统，数据在计算机中主要是以补码的形式存储的。计算机中的二进制则是一个非常微小的开关，用"开"来表示 1，"关"来表示 0。

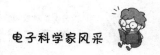

复印机的发明者：切斯特·卡尔森

复印机是当今办公智能化的标志。只要将文件在复印机上滚一下，几秒钟就能得到与原件一模一样的复印件。这样美妙的机器是谁发明的呢？它的原理又是什么呢？

知道如何用蚂蚁写字吗？先在笔画上涂上蜂蜜，然后蚂蚁会爬上去，从远处看，就像是用蚂蚁写的字。我们再来看看复印机，它的主要部件是硒鼓。鼓上涂抹的硒能在黑暗中留住电荷，一遇光又能放走电荷。将要复印的字迹、符号、图表等通过光照

到硒鼓上，就能将这些内容如同在字上先涂上蜂蜜一样"写"在硒鼓上。受光照而又无字的部分放走电荷，有字的部分留住了正电荷。当然"蚂蚁"不爬上去，它们是看不见这些字的。那"蚂蚁"又是谁呢？是墨粉，我们设法让带负电的墨粉吸到硒鼓的有字部分上。硒鼓转动时，让带正电的白纸通过，墨粉吸到纸上，经过高温或红外线照射，让它熔化，渗入纸中。这样便形成牢固、耐久的字迹或图表了。

切斯特·卡尔森是复印机的发明人，于1906年出生在西雅图。卡尔森小时候家境并不好，其父亲因患关节炎成为残疾人，母亲是位家庭主妇，

在卡尔森 17 岁时死于结核病。但小小年纪的卡尔森却对发明一往情深。他在外出步行时手里经常拿着一个小本，记录那些随时萌生的新创意。卡尔森 12 岁时，对他的一位堂兄罗伊说："总会有一天，我将做出最伟大的发明。"

一个人光有远大的抱负远远不够，还必须有扎实的自然科学的基本知识，另外还要有人扶持、指点。卡尔森的舅舅是位学校校长，他目光远大，坚持让小卡尔森上学。卡尔森从加州理工学院物理系毕业后，正值美国大萧条的中期（20 世纪 20 年代），他发出了 82 份求职信，最后，总算在纽约一家电子公司的专利部门找到了一份固定的工作。

其实，卡尔森的发明与其专利部门的工作密不可分。正是他在工作中发现，那一份份专利要不断地用手工复制，他相信最终会有更好的、可代替脏兮兮的复写纸或油印机的方法。尽管他发明的原始复印机设计方案，花了 21 年才变成可用的纸复印机，但复印机最终改变了世界，大大提高了办公室的生产效率。

经过不断地琢磨，卡尔森认识到使用光敏感材料能将图像印在纸上。1938 年 10 月 22 日，在阿斯托里亚的实验室里，卡尔森取出一块光导锌版，并用手帕摩擦它，以产生正电荷。再将一个印有"10-22-38"字样的玻璃显微片，置于上部的墨水中，并将光导板用灯泡曝光。被墨水屏蔽的部分保持其电荷，吸引在顶部喷洒的带负电粉末。

卡尔森在早期示范演示他的发明时，是利用香烟盒所携带的材料来完成的，因此并未引起人们的兴趣，有 20 多家公司拒绝了卡尔森的发明。这时候就需要一位有远见的企业家，慧眼识珠地鉴别出卡尔森发明的价值。当时，哈洛德公司的首席执行官威尔逊便扮演了这一伯乐角色。为了同伊斯曼·柯达公司竞争，威尔逊于 1947 年决定研发并采用卡尔森发明专利的复印机，这一研发工作又花了 12 年，才在调色剂、透镜和其他部件研发中产生突破。

1960 年 3 月，哈洛德公司正式推出 900 公斤重的 914 型复印机。以后，所有的复印机都采用了卡尔森的发明专利。尽管 20 世纪 70 年代末，施乐公司在未理会侵犯卡尔森专利的情况下，又研制出新型复印机。20 世纪 80 年代出现了全色复印机，复印出的图画与最美丽的彩色照片无异。

经过几代人的努力，复印机又进入了一个新时代。现代最新科学技术成果在复印机上得到应用。集成电路板块代替了复杂的晶体管线路；激光技术使复印更清晰精细；现代摄影、化学的最新技术使复印发展到几乎完美的地步。

复印机已不仅仅是办公用具，它在生产建设、科学研究中都发挥了越来越大的作用，丰富了人类的生活。

知识链接 >>>

　　由于长期从事专利工作，复印机发明后，卡尔森很快为自己的发明申请了专利，专利号是 2297691。从发明静电复印机到正式投放市场，卡尔森足足搞了 22 年。直到 1949 年，卡尔森所在的哈格德公司生产出了静电复印机。哈格德公司就是今天以复印机而闻名世界的施乐公司的前身。施乐公司的英文名词 Xerox 正是静电复印 Xerography 中开始的几个字母。

微波炉的发明者：珀西·勒巴朗·斯本塞

微波是一种电磁波。微波炉是一种用微波加热食品的现代化烹调灶具。微波炉由电源、磁控管、控制电路和烹调腔等部分组成。电源向磁控管提供大约 4000 伏高压，磁控管在电源刺激下，连续产生微波，把微波能量均匀地分布在烹调腔内，从而加热食物。

微波炉的发明，其实是一件很偶然的事情。不止微波炉，任何科学发明与发现，都带有偶然性。世界上最早的微波炉发明者是美国人珀西·勒巴朗·斯本塞。

斯本塞于 1921 年生于美国亚特兰大城。1939 年，他参加了海军，半年后因伤退役，进入美国潜艇信号公司工作，开始接触各类电器，稍后又进入专门制造电子管的雷声公司。由于工作出色，1940 年，斯本塞由检验员晋升为新型电子管生产技术负责人。天才加勤奋的结果，使他先后完成了一系列重大发明，令许多老科学家刮目相看。

彼时，英国科学家们正在积极从事军用雷达微波能源的研究工作。伯明翰大学两位教授设计出一种能够高效产生大功率微波能的磁控管。但当时英德处于决战阶段，德国飞机对英伦三岛狂轰滥炸。因此，这种新产品无法在国内生产，只好寻求与美国合作。

1940年9月，英国科学家带着磁控管样品访问美国雷声公司时，与才华横溢的斯本塞一见如故，相见恨晚。在他的努力下，英国和雷声公司共同研究制造的磁控管获得成功。

一个偶然的机会，斯本塞萌生了发明微波炉的念头。1945年，他观察到微波能使周围的物体发热。一次，他在研究磁控管时，口袋中的巧克力受热融化，弄湿了他的裤子，但并未对人体产生影响，这使他开始着手对微波的热效应进行研究。还有一次，他把一袋玉米粒放在波导喇叭口前，然后观察玉米粒的变化。他发现玉米粒的变化与放在火堆前一样。第二天，他又将一个鸡蛋放在喇叭口前，结果鸡蛋受热突然爆炸，溅了他一身。这使他更坚定了微波能使物体发热的论点。

雷声公司受斯本塞实验的启发，决定与他一同研制能用微波热量烹饪食品的炉子。几个星期后，一台简易的炉子制成了。斯本塞用姜饼做试验。他先把姜饼切成片，然后放在炉内烹饪。在烹饪时他屡次变化磁控管的功率，以选择最适宜的温度。经过若干次试验，食品的香味飘满了整个房间。1947年，雷声公司推出了第一台家用微波炉。可是这种微波炉成本太高，寿命太短，影响了微波炉的推广。

日本发明家小仓庆志于1964年对微波炉进行了改进，大幅度地降低了微波炉的成本，从而降低了它的价格。1965年，乔治·福斯特对微波炉再次进行大胆改造，与斯本塞一起设计了一种耐用而价格低廉的微波炉。

1970年，斯本塞去世，享年76岁。

微波炉的产生改变了人们的烹饪习惯，经微波炉烹调的食物不会破坏食物本身包含的营养元素，使人类在营养成分上的摄入更加优化。

随着科学技术的进步，电子技术、传感器技术以及材料技术近年来得到了很大的发展。另外微波炉研发机构和生产工厂为满足微波炉消费者的使用要求，将各种先进的现代化技术应用于微波炉，推出了一系列新颖先

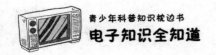

进的微波炉产品。这些微波炉新产品，反映了微波炉技术的发展趋势，主
要表现在智能优化、功能多元、节能环保、有益健康、操作简单等方面。

知识链接 >>>

　　微波加热的原理简单说来是：当微波辐射到食品上时，食品中
总是含有一定量的水分，而水是由极性分子（分子的正负电荷中心，
即使在外电场不存在时也是不重合的）组成的，这种极性分子的取
向将随微波场而变动。由于食品中水的极性分子的这种运动以及相
邻分子间的相互作用，产生了类似摩擦的现象，使水温升高，因此，
食品的温度也就上升了。用微波加热的食品，因其内部也同时被加
热，使整个物体受热均匀，升温速度也快。

机器人的发明者：约瑟夫·恩格尔伯格

提到机器人，我们都知道这是一种具有高科技水平，能模仿人类劳动、工作的机器。

人类进入工业时代后，社会规模化大生产取代了原有的手工劳动生产，生产效率大幅提高，市场分工越来越细，工业机器人的出现，成为一种必然。在 20 世纪最早的机器人出现后，的确解决了许多生产中的问题。例如，人类在生产中存在的安全隐患以及无法完成的高强度任务等。

当下的机器人智能化程度越来越高，应用的领域也越来越广，可以说处处都发挥着他们的作用。当我们看到现在世界上有这么多形形色色的机器人，你也许会问世界上第一台真正意义上机器人是谁发明的呢？发明第一台机器人的正是享有"机器人之父"美誉的约瑟夫·恩格尔伯格先生。

恩格尔伯格 1925 年出生于纽约布鲁克林的一个德国移民家庭。作为一个技术与科幻的爱好者，这位曾经在 17 岁参军的青年人先是在哥伦比亚大学攻读物理，然后又用了 3 年时间获得了该校的机械工程硕士学位。

　　1957 年他建立了 Unimation 公司，并于 1959 年研制出了世界上第一台工业机器人尤尼梅特，他对创建机器人工业做出了杰出的贡献。1983年，就在工业机器人销售日渐火爆的时候，恩格尔伯格和他的同事们毅然将 Unimation 公司卖给了西屋公司，并创建了 TRC 公司，开始研制服务机器人。

　　恩格尔伯格认为，服务机器人与人们的生活密切相关，服务机器人的应用将不断改善人们的生活质量，这也正是人们所追求的目标。一旦服务机器人像其他机电产品一样被人们所接受，走进千家万户，其市场将不可限量。

　　恩格尔伯格创建的 TRC 公司的第一个服务机器人产品是供医院使用的"护士助手"机器人，它于 1985 年开始研制，1988 年开始出售，目前已在世界各国几十家医院投入使用。"护士助手"除了出售外，还出租。由于"护士助手"的市场前景较好，现已成立了"护士助手"机器人公司，恩格尔伯格任主席。

　　"护士助手"是自主式机器人，它不需要有线制导，也不需要事先作计划，一旦编好程序，随时可以完成以下各项任务：运送医疗器材和设备，为病人送饭、送病历、送报表及信件，运送药品，运送试验样品及试验结果，在医院内部送邮件及包裹。

　　该机器人由行走部分、行驶控制器及大量的传感器组成。机器人可以在医院中自由行动，其速度为 0.7 米／秒左右。机器人中装有医院的建筑物地图，在确定目的地后机器人利用航线推算法自主地沿走廊导航，由结构中的光视觉传感器及全方位超声波传感器可以探测静止或运动物体，并对航线进行修正。它的全方位触觉传感器保证机器人不会与人和物相碰。车轮上的编码器测量它行驶过的距离。在走廊中，机器人利用墙角确定自己的位置，而在病房等较大的空间时，它可利用天花板上的反射带，通过向上观察的传感器帮助定位。需要时它还可以开门。在多层建筑物中，它可以给载人电梯打电话，并进入电梯到达所要到的楼层。紧急情况下，如某一外科医生及其病人使用电梯时，机器人可以停下来，让开路，2 分钟

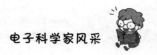

后重新启动继续前进。通过"护士助手"上的菜单可以选择多个目的地，机器人有较大的荧光屏及品质良好的音响装置，用户使用起来迅捷方便。

恩格尔伯格于 2015 年 12 月 1 日病逝于家中。他对于机器人行业的贡献有目共睹，正如机器人行业协会在悼词中所言："因为他，机器人成了一个全球性产业。"

知识链接 >>>

那句"你认为机器人能做到吗"激励了无数人员，也让无数优秀的机器人诞生。由于恩格尔伯格对机器人领域的巨大贡献，他被评为美国工程院院士，还被伦敦《星期日泰晤士报》评为"20 世纪最伟大的 1000 名创造者"之一。日本人也对他心存敬意，并在 1997 年就给他颁发"日本国际奖"，以表彰他对日本的影响与贡献。

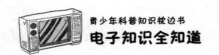

集成电路的发明者：杰克·基尔比

所有数字装置心脏中的微型硅片无可争辩地成为自原油以来最重要的工业品。没有它，就不可能有私人电脑或手机，也没有互联网或网络游戏，

这种微型硅片像电灯、电话和汽车一样彻底改变了世界。

1958年9月12日，在美国德克萨斯州达拉斯市德州仪器公司的实验室里，工程师杰克·基尔比成功地实现了把电子器件集成在一块半导体材料上的构想。这一天，被视为集成电路的诞生日，而这枚小小的芯片开创了电子技术历史的新纪元。

杰克·基尔比1923年出生于美国密苏里州杰斐逊城，在堪萨斯州大邦德长大。其父在当地经营着一家电器公司，基尔比在念大邦德高中时就认定自己也将成为一名电器工程师。因此，1941年夏天，基尔比登上了前往马萨诸塞州坎布里奇的火车，去参加麻省理工学院的入学考试。结果考试最低的录取分是500分，而他得了497分，没有通过。

几个月后，第二次世界大战爆发，基尔比被派到印度的一家茶叶种植园，那里是美军前哨的无线电修理店。

战争结束后，他去了伊利诺伊大学，主修电子工程，并于1947年获得理学学士学位。那是电子学突飞猛进的时代。1947 年，3 名美国人发明了晶体管——第一个具有重要商业价值的半导体装置，这使得量子物理学和固态电路马上有了发展方向。

大学毕业后，基尔比替一家名为中央实验室的小型电子元件制造商工作，理由是它是唯一的电子公司，能为他提供一份工作。工作之余，他在威斯康星大学上电子工程硕士班夜校，于 1950 年取得理科硕士学位。1958 年，34 岁的基尔比给达拉斯的德州仪器公司寄去一份求职申请，被聘用时的基尔比欣喜若狂。因为德州仪器公司当时已经是一家很出名的公司了，这家公司让基尔比研究电子领域最为重要的课题，即"网络连接"或者"线路"。

受到晶体管诞生的鼓舞，工程师们为新的电子装置，即威力无比、足以让全球通信网络运行或者操纵火箭前往月球的高速计算机设计电路。但是这些高科技奇迹只存在于纸上，需要几英里的线路和上百万个的焊点。没有人能建造它们。

全世界的工程师都在寻找解决方案。在该问题上，美国花费了几百万美元。但杰克·基尔比有一个很大优势："我是该领域不知天高地厚的新手，不知道别人认为不可能的东西，因此我不排除任何可能。"

坐在半导体实验室里的基尔比想出了答案：不要电线。这是电路史上一个大胆的突破，起先他认为没有电线无法工作，后来他意识到电路的所有基本元件能够用同一种材料——硅制成。如果能把所有元件刻在这样一片单独的材料上，那么就能把相互连接的装置铺设，甚至印制在一个小小的硅片上面。这个想法意味着可以把大量的元件压缩在一个小小的空间里。你能把整个计算机电路放在大小如婴儿指甲般的芯片上。

1958 年 7 月 24 日，基尔比把这个想法匆匆写在自己的笔记本上："在一个单片上可以安置以下电路元件：阻抗器、电容器、分配电容器、晶体管。"

对一名工程师来说，记下这个想法还远远不够。"科学家要什么都懂。"基尔比曾说。因此，这个新来的工程师胆怯地问他的老板是否能制造集成

电路的试验模型。老板同意了，但不想花费很多钱。他要基尔比造一个叫作"相位转换振荡器"的简易电路，基尔比高兴地同意了。

时隔不久，一群德州仪器公司的显赫人物来到实验室，查看杰克·基尔比奇特的芯片上的微电路是否是真货。基尔比在连接各种电线时非常紧张。他检查了一遍接口，又检查了一遍，然后深吸一口气，做了一个开始的耸肩动作，他打开了电源。

瞬间，一缕耀眼的绿光开始滑过屏幕，它代表来自交流电的一种波浪形正弦曲线。微芯片起作用了，电子学的新时代诞生了。几个月后，另一个美国人罗伯特·诺伊斯几乎找到了相同的解决方案。诺伊斯的方法，事后证明更加容易制造。因此，诺伊斯通常被说成是芯片的共同发明人。2000年，77岁的基尔比获得了诺贝尔物理学奖，如果诺伊斯没有在1990年去世的话，毫无疑问应该与基尔比共享诺贝尔奖。

今天集成电路市场是一项全球工业，芯片无处不在。至于杰克·基尔比，这位触发了一项技术革命的美国人却从没获得过巨额报酬。直到2000年获得了诺贝尔奖，他才被世人所知。

基尔比于2005年6月20日逝世。

知识链接 >>>

1959年1月，罗伯特·诺伊斯写出打造集成电路的方案，开始进行研发。他利用一层氧化膜作为半导体的绝缘层，制作出铝条连线，使元件和导线合成一体。不过这时基尔比已经制成集成电路，虽然他的设计不实际。同年7月30日，仙童半导体公司提出"半导体器件——连线结构"的专利申请。1969年法院判决，诺伊斯和基尔比发明的集成电路不存在侵权问题，两专利都有效。

手机的发明者：马丁·库帕

手机时代的来临，可以说是移动通信发展进入了一个黄金时期。手机无论从造型、功能、材料、工艺、色彩上都发生了很大的变化，在外观造型上越来越体现出文化性和地域性，材料和工艺也大大丰富，功能上也越来越强大，色彩更加丰富。作为具有便携性和移动性的手机，在人们日常生活中愈发活跃，不管是公交车上，还是地铁中，都不难看到

用手机听歌、阅读、看新闻或者是看视频的人们，手机作为"放在口袋里的媒体"，并深刻地影响和改变了个人交往、信息传递、商务活动和社会管理的方式。

人们把 1973 年第一部手机的问世归功于当年的摩托罗拉总设计师马丁·库帕。

1928 年，马丁·库帕在美国出生，26 岁加入摩托罗拉公司。库帕最初执意研制汽车无线电话，他反传统的设计让他的上司并不喜欢，总是唠唠叨叨地说："这家伙是白色的，看上去一点都不像电话机。"数年后，摩托罗拉公司出售了这款名为"超级脑袋"的电话，受到了顾客的热烈欢迎。

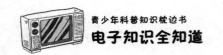
马丁·库帕带领他的团队用了6周的时间就完成了世界通讯史上的巨大突破，研制出便携式移动电话。一个采用数以千计的零件制造而成的，实现无线通话功能的机器。随后，他和他的团队还制造出了天线，建造了手机基站。这些基站相当于一台微型电脑，可以测量电话信号的强度，同时把较弱的信号传递至下一个蜂窝。

在20世纪60年代末70年代初，贝尔实验室和摩托罗拉公司是手机研发技术上的竞争对手。为了向对手宣告胜利，马丁·库帕用了最直接的方法，用研发的手机在街上给贝尔实验室打了一个电话。虽然这个来电不被贝尔实验室的人员所重视，但对后人的意义却非同凡响。因为这是人类通讯史上的第一次手机通话，而1973年4月3日这一天也被后人认定为手机的诞生日。手机的诞生只是在无线通话道路上迈出了一小步，从研发成功到进入市场，摩托罗拉公司等了整整10年的时间——注意是"等"，不是"用"。在这10年中，摩托罗拉公司除了建立第一批手机基站外，就是无奈地等待美国政府相关部门用漫长的时间去审批办理这个他们从未见过的怪东西。

1983年6月13日，摩托罗拉公司终于推出世界上第一台便携式手机，这台名为DynaTAC8000X的手机重794克，长33厘米，标价3995美元，最长通话时间是一个小时，可以储存30个电话号码。笨重厚实的深刻印象使美国人称之为"鞋机"，而国人习惯称其为"大哥大"，因为它真的很大。

1989年推出的新一代合盖手机MicroTAC950也是库帕的设计。这款手机变小了，并忽略口与耳之间的距离，因此变得更为轻便，每个人都可以把它装进口袋里。正是这个设计概念，手机真正地走向普及。在移动电话普及之后，库帕看到了移动通信中存在的问题：频谱资源有限，如何充分利用有限的频谱将变得很重要。于是一向喜欢接受挑战的库帕，在1992年辞去了摩托罗拉联合副总裁的职务，与他人合办了爱瑞通信公司，并担任CEO一职。

2009年，库帕在马德里举行的一次会议上指出，诞生于36年前的手机已经从最初的约1公斤重量发展到现在小巧轻便的状态，其售价也从当时的近 4000 美元降到现在的能为大众所接受的价格。手机使人际沟通变得更加便利，进而解放了人类的活动，带来更多自由，之后又发展出视频、短信、网络和收音机等功能，并且已把全球将近一半的人口变成其忠实用户。虽然手机已经取得如此发展，但有着"手机之父"之称的库帕表示，这项技术尚显青涩，仍然有着巨大的发展前景。

库帕表示未来科技将把手机定位在健康卫生领域，使之能够及时发现用户突发的病症，并且帮助用户控制心率、体重和体温。他曾说，手机在未来毫无疑问将与国际互联网相结合。二者的联合将能提高生产率，降低互联网成本，在社会交流中"引发一场革命"，进而"为人类的生活带来更加深刻的变化"。库帕表示，新技术已经改变了手机的用途，能够通过无线路由器上网的手机大有彻底取代固定电话之势。与此同时，手机在不远的将来还能够服务于人口和交通控制，甚至能够对公民的行为加以规范。鉴于这种情况可能导致隐私权受到侵犯，因此可能使各国政府对相关技术稍感犹豫。

知识链接 >>>

库帕对未来手机的设想：未来的手机将越变越小，说不定能被放进耳朵里；也许在不久的将来，手机可以被植入皮肤表层，时刻跟随着你，你身体里的能量就足够为手机供电，这样就永远不用担心忘带充电器了；而你要给某人拨电话时，只需报出名字，手机就能自动拨出去。

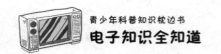
把电子游戏带入大众世界的诺兰·布什内尔

我们都知道拉尔夫·贝尔是电子游戏的发明者，却不知道把电子游戏真正带入大众世界的人是诺兰·布什内尔。

1962 年，布什内尔在一所大学的大型主机上见到了史蒂夫·拉塞尔的游戏先锋之作《太空大战》，从此他对电子游戏产生了巨大的兴趣。到了 1972 年，布什内尔开发出了世界上第一台业务用投币式游戏机，即我们俗称的街机——"电脑空间"，从而改写了电子游戏在商业市场的空白。

不过街机"电脑空间"对于那些从未见过电子游戏的人来说实在太复杂了，结果当然是失败了。随后布什内尔开始重整思路，又推出了新的游戏"乒乓"。这个游戏相比以前就简单多了，画面中间一条长线作为"球网"，"球网"两边各有一人控制一条短线当作"球拍"，然后用"球拍"互相击打一个圆点（乒乓球）。游戏结束后失球最少者得高分。第一台"乒乓"主机被放置在一家酒吧后，玩的人络绎不绝，结果因为投币过多而使主机停止工作。

　　"乒乓"证明了电子游戏可以用来获取经济效益，也证明了电子游戏产业发展的可能，于是 1972 年 1 月 27 日，布什内尔成立了世界上第一家专注于电子游戏生意的公司——雅达利公司。雅达利公司随后开创了辉煌的街机产业，创造了一个不朽的传奇。不仅如此，雅达利还是第一个获得成功的家用游戏机制造厂商，该公司生产的 Atari VCS 主机直到 80 年代仍然受到人们的喜爱。该主机已经成为了历史上销量最好的家用游戏机之一。

　　Atari VCS 成为了布什内尔在游戏界的绝唱，20 世纪 80 年代他离开了雅达利，开始进行其他生意领域的投资，后来他又成立了一家名为 uWink 的网络游戏公司，看来似乎要重操旧业，不过他的主要成就依然是在 20 世纪 70 年代创造的那个传奇。布什内尔并不是电子游戏的发明者，但却是真正让我们玩到电子游戏的人。

知识链接 >>>

　　美国研究人员曾做过一个有趣的试验。他们让两个从未玩过电脑的人，玩了一个星期的电子游戏，结果两个人的注意力都比以前大大提高。益智类游戏还可以提高大脑的思维能力。玩游戏还可以协调手和眼睛的配合能力。绝大多数家长认为玩游戏不好，特别是网络游戏，家长们对其异常反感。其实，游戏是一种双性物质，有利，也有弊。只要孩子不沉迷其中，游戏也是一种不错的娱乐方式。

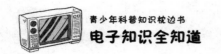
电子乐大师：让·米歇尔·雅尔

让·米歇尔·雅尔是法国著名的电子乐大师，于 1948 年 8 月 24 日出生于法国里昂的一个音乐世家，雅尔的父亲莫里斯·雅尔是法国著名的电影配乐大师。由于父亲的熏陶，雅尔幼年就显示出了极高的音乐天赋，并且对音乐特别痴迷。

20 世纪 60 年代是一个合成器音乐诞生的年代。"合成音乐之父"德国人舒尔茨利用电子合成器合成出了人类历史上第一个电子音符，从而引领了电子音乐的时代浪潮。雅尔就是经历了这次音乐大潮的洗礼后，开始转型投身合成器音乐，并对合成器音乐的发展做出了巨大的贡献。

20 世纪 60 年代的电子音乐，苍白、呆板、机械，而且音色过于干燥。针对这种现状，雅尔对合成器音乐进行了一次大规模的改良。他改良之后，合成器音域变得前所未有的宽广，应用领域也变得更为广阔。可以说是雅尔造就了合成器音乐的一个新时代，或者说是这个时代造就了雅尔。

近十年来，雅尔的许多作品都改编成混音版，他的发烧友中不少人把它们作为 DJ 音乐一样来听，相对来说改编的混音版还是有不少原有版本的特点，听起来还是不错的。但和大多数欧洲层出不穷的电子化乐队一样，他的作品充满了商业味道。

雅尔的成名作《氧气》，销量超过 1500 万张，至今保持法国唱片史上累计销量冠军。《氧气》要算是电子音乐的入门曲了，虽然当时有一些德国电子音乐先锋者创作的电子乐已经引起了不小的轰动，但电子乐在广大普通人群中有如此大的反响，还是第一次。雅尔创造了这个奇迹。搭准了脉，把旋律和管弦乐编曲法成功地融入原本单调苍白的电子声响中，在实验性和可听性之间找到了平衡点。

雅尔的作品表达的是一种气氛，一种抽象的气氛。他发挥了电子合成器的演奏特性，使用了庞大的声音储存元素，扬长避短，营造了活泼轻盈的节奏和优美的旋律，在 1978 年的《昼夜平分》这张专辑里得到很好的展示。在他的作品里，还可以找到古典音乐的创作形式，就是以乐章的形式来表达，过程起伏跌宕，回味无穷。他用他的理解和对旋律的把握，把这张专辑的气氛打造得让人叹服。

雅尔和中国有着非常深厚的感情，他的多首作品都与中国有关。他是中国改革开放之后最早登陆中国的西方音乐家之一，多次来访中国，并举办过多场音乐会。

1982 年雅尔分别在上海和北京开了两场音乐会。*Les Concerts en Chine* 这张专辑就是这样诞生的。在他的眼中，这个东方古国充满了神秘。在《中国纪念》这首曲子的 MTV 里，雅尔把这种神秘感表现得淋漓尽致，也就是这张专辑，被欧洲的众多雅尔发烧友评为雅尔的最佳专辑。

2004 年 10 月，雅尔曾在北京故宫举办激光音乐会，为法国文化年拉开帷幕。这次精彩演出令许多中国观众记住了雅尔的名字。

雅尔是世界电子音乐的先驱，以擅长利用尖端技术和调动观众情绪著称。雅尔造就了合成器音乐的一个新时代。他的电子乐在广大普通人群中反响巨大，深受人们的喜爱。

 **知识链接** >>>

　　电子音乐是使用电子乐器以及电子音乐技术来制作的音乐；而创作或表演这类音乐的音乐家则称为电子音乐家。一般而言，可分为电子机械技术制造的声音与电子技术制作的声音。电子音乐一度几乎完全与西方，特别是欧洲的艺术音乐连结，但自从1960年代晚期以后，因为摩尔定律造就了可负担得起的音乐科技，使用电子方式制作音乐变得越来越普遍。今日的电子音乐包含各种形式，范围从实验艺术音乐到流行形式，如电子舞曲。

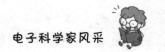

"黑莓农夫"：迈克·拉扎里迪斯

拉扎里迪斯出生在土耳其，父母为希腊人，他被世人誉为"黑莓之父"。

有人说他是个奇才，4岁就创下乐高拼积木最快的纪录。5岁时随父母迁居加拿大。读高中时，他遇到一个非常优秀的物理老师。这位老师是业余电台爱好者，家里有一大堆数字设备公司及惠普电脑箱子。他充满好奇地想打开箱子，老师却告诉他：想打开可以，先要熟读说明书。那一年他读完了所有的电脑说明书，也打开了所有的箱子。老师当时给拉扎里迪斯留下了一句话："别沉迷在电脑上。电脑与无线通信结合在一起，才可以改变世界。"这位老师万万没有想到，他的这句话成就了一个手机天才。

1984年，拉扎里迪斯创办移动研究公司（RIM）公司时，比绝大部分人更早接触到网络及电子邮件。他在自己名片上印上电子邮箱地址，可当时大多数人都不知道电子邮件是什么。

3年后，他听说日本出现了一项新技术——使用无线通信调度可口可乐运货车，为自动售卖机补充货物。这时高中老师的话再度在拉扎里迪斯的耳边响起：无线电脑将改变世界。拉扎里迪斯坚信自己发现了一个从未有人涉足的市场，自己将会在"无人区"内建立自己的帝国。

1999年，电子邮件开始风靡欧美。动态研究公司适时地推出"黑莓"手机——能够将用户电子邮箱中刚刚收到的新邮件在第一时间快速传送到用户手机上，用户不用再频繁上网登录邮箱。

"黑莓"的名字来源于从动态研究公司专门聘请的品牌顾问，品牌顾问当时看着这款无线电子邮件接收器，小小的标准英文黑色键盘挤在一起，看起来像是草莓表面一粒粒的种子，就起了一个有趣的名字——"黑莓"，意味着"高级、罕有、勇敢"。

"黑莓"的安全可靠成为它的一大卖点。当时"黑莓"邮件的安全性唯有北约组织的电脑系统可与之媲美。美国金融证券公司无一例外选用"黑莓"为员工的办公伴侣，最注重系统安全的美国政府更是RIM公司的大客户之一。

在"黑莓"起步时代，研究无线电邮解决方案的公司不止一家，甚至包括许多大型企业。但"黑莓"能够笑到最后，正是因为拉扎里迪斯的执着：始终把创新摆在第一位。

他发现在大多数高科技企业内，聪明绝顶的工程师们与市场部总在冲突——工程师的创意"石破天惊"，但被市场部批得一无是处，后者总觉得这些新奇玩意儿要简化再简化才能吸引消费者。拉扎里迪斯说："若你让市场部压倒创新，这相当于死亡之吻。"

但你认为他只关心技术进步而忽视市场，那你就被这个加拿大人蒙骗了。他推销"黑莓"的手段不亚于后来斯蒂夫·乔布斯卖"苹果"的伎俩。

拉扎里迪斯总是随身携带3部"黑莓"手机，逢人就问，你买了"黑莓"的新款式没有？在推销"黑莓"技术概念的同时，拉扎里迪斯将提升产品销量作为自己的下一步目标。因为人力、财力较小，2000年动态研究公司授权电信运营商直接卖"黑莓"。因此，数以千计运营商的所有销售人员都成了"黑莓"终端的销售力量。

2000年，"黑莓"手机再次拨动美国用户的心，他们担心自己手中的"黑莓"是否可能被停止电子邮件服务。2001年美国NTP公司（美国弗吉尼亚州的一家专利公司）对RIM公司提起诉讼，指责"黑莓"电子邮件传送软件侵犯它的专利；2006年又要求RIM公司停止在美国销售"黑莓"手机及无线电子邮件服务网络。历经数年，美国法院至今没有作出最终判决。

2001年，在"9·11"事件中，美国通信设备几乎全线瘫痪，但美国副总统切尼使用的"黑莓"手机，成功地进行了无线互联，能够随时随地接收关于灾难现场的实时信息。于是，在"9·11"事件休会期间，美国国会配给每位议员一部"黑莓"手机，让议员们用它来处理国事。

2002年11月，拉扎里迪斯的举措又让业内人士大跌眼镜。他把技术授权给诺基亚，允许其把"黑莓"邮件接收器安装到诺基亚手机上，而不再单一垄断无线电邮终端市场。对此，业内人士纷纷断言：这会导致企业成长受阻，在诺基亚的竞争下，RIM公司的手机将很难销售。

而事实证明，在这种授权制度下，RIM公司的"黑莓"通过授权各大移动电话制造商，被更广泛地传播出去，市场因此扩大。RIM公司自身也从单纯的卖手机设备，转变成无线电子邮件的中间系统提供商，在掌握核心专利技术的同时，触角伸向了更广泛的领域。

在"黑莓"的推广过程中，有数不清的智慧显现。例如，在"黑莓"发出的邮件下，系统会自动加上一句话：从我的无线手持式"黑莓"传送。正是这则"强制"的广告语，使每一个使用"黑莓"的人都成为强大的宣传"基站"，他们发出的每一封邮件都是"黑莓"的免费广告。据说，这正是"病毒营销"的鼻祖，连微软的Hotmail（互联网免费电子邮件提供商之一）等邮件系统也随后效仿。

拉扎里迪斯是众多高科技企业创始人中少有的亲力亲为者，细到连产品定位都会一一过问。有一次他到伦敦宣传新产品，在接受英国《卫报》采访时还顺带解决了记者使用的"黑莓"手机的故障。这位记者在文章中感叹道："他是我接触过的最高薪的'黑莓'售后服务人员。"

2007 年年初，苹果推出 iphone 手机，谷歌也说要推出名为 Switch 的手机。面对这些竞争对手，当时拉扎里迪斯四两拨千斤地就挡了回去："你知道它们在市场占多少份额吗？非常小。"的确，当时"黑莓"占据无线电子邮件市场逾 70% 的份额，他有底气说这样的话。

2007 年开始，拉扎里迪斯把发展"黑莓"的重点放在北美市场之外，到现在已经在全球 60 多个国家开展业务运营。2012 年"黑莓"转战亚洲。

操心公司业务之余，拉扎里迪斯更积极捐资，在母校加拿大滑铁卢大学建立理论物理研究中心。在他看来，"我们今天拥有的一切都要归功于伟大的物理发现。每一次工业革命都与理论物理的革命性突破息息相关。我认为未来 50 年内会产生新一次工业革命"。

RIM 公司上市后，他拥有了市值 20 亿美元的个人财富，而他向大学捐款累计已达数亿之巨。"我欣赏聪明的人，并确保他们有足够的工具、实验室以及资源去超越前辈，想出更酷的东西。"

2016 年 9 月 29 日，"黑莓"宣布将结束其智能手机业务。以后，公司重心将转至软件部分。

知识链接 >>>

"黑莓"赖以成功的最重要原因，是提供企业移动办公的一体化解决方案。只要企业安装一个移动网关、一个软件系统，用手机平台实现无缝链接，员工都可以用手机进行移动办公。

电子发明大观

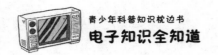
数码相机的发展

数码相机，是数码照相机的简称，是一种利用电子传感器把光学影像转换成电子数据的照相机。数码相机与普通相机的原理完全不同。普通相机是在胶卷上靠溴化银的化学变化来记录图像，数码相机则是靠传感器（一种光感应式的电荷耦合或互补金属氧化物半导体）来记录图像。当光线通过镜头进入相机，经过成像元件转化为数字信号后，数字信号再通过影像运算芯片储存。数码相机的成像元件是 CCD 或者 CMOS，特点是光线通过时，能根据不同的光线转化为电子信号。在图像传输到计算机以前，会先储存在数码存储设备中。

与传统相机相比，数码相机有其自身优点：

（1）拍照之后可以立即看到图片，对不满意的作品删除并进行重拍，这样就减少了遗憾的发生。

（2）色彩还原和色彩范围不再依赖胶卷的质量。

（3）感光度也不再因胶卷而固定，数码相机里的光电转换芯片能选择多种感光度。

虽然数码相机科技含量高于传统相机，但在一些方面无法超越传统照相机：

（1）由于数码相机在成像方面，通过成像元件和影像处理芯片来转换，所以成像质量缺乏层次感。

（2）由于不同厂家的影像处理芯片技术不同，所以成像照片颜色会与实际物体颜色有差别。

数码相机按用途可分为：单反相机、卡片相机、长焦相机和家用相机等。不同类型的相机有着不同的用途。

数码单镜头反光相机，即数码（digital）、单独（single）、镜头（lens）、反光（reflex），其英文缩写为 DSLR。此类相机一般体积较大，比较重。使用电子取景器（evf）的机型，也归入单反相机类。在单反数码相机的工作系统中，光线透过镜头到达反光镜后，折射到上面的对焦屏并结成影像，透过接目镜和五棱镜，我们可以在观景窗中看到外面的景物。而一般数码相机只能通过 LED 屏或者电子取景器（EVF）看到所拍摄的影像。显然直接看到的影像比通过处理看到的影像更利于拍摄。单反数码相机的一个很大的特点就是可以交换不同规格的镜头，这是单反相机天生的优点，是普通数码相机所不具备的。

卡片相机指那些外形小巧、机身相对较轻以及具有超薄时尚设计的数码相机。卡片数码相机可以随身携带。虽然它们功能并不强大，但是最基本的曝光补偿功能还是超薄数码相机的标准配置，再加上区域或者点测光模式，有时候还是能够完成一些摄影创作。通过对画面曝光的基本控制，再配合色彩、清晰度、对比度等选项，也可以拍出很多漂亮的照片。卡片相机和其他相机相比，具有时尚的外观、大液晶屏、小巧纤薄的机身、操作便捷等优点，缺点就是手动功能相对薄弱、超大的液晶显示屏耗电量较大、镜头性能较差。

长焦数码相机指的是具有较大光学变焦倍数的机型，而光学变焦倍数越大，能拍摄的景物就越远。长焦数码相机镜头的主要特点其实和望远镜的原理差不多，通过镜头内部镜片的移动而改变焦距。那些镜头越长的数

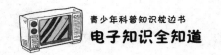
码相机，内部的镜片和感光器移动空间更大，所以变焦倍数也更大。

数码相机的历史可以追溯到 20 世纪四五十年代。录像机开始大量生产，代表着电子成像技术产生，这就为数码相机的产生提供了技术条件。

20 世纪六七十年代，由于大国之间的科技竞争，数码图像技术发展得更快。1975 年，在美国纽约罗彻斯特的柯达实验室中，世界上第一台数码相机拍摄出了第一张数码照片，标志着数码相机的诞生。

1981 年，索尼公司发明了世界上第一架不用感光胶片的电子静物照相机（"马维卡"照相机），这是当今数码照相机的雏形。

1991 年，柯达试制成功世界上第一台数码相机，东芝公司发表 40 万像素的 MC－200 数码相机，这是第一台在市场上出售的数码相机。

1997 年，奥林巴斯首先推出"超百万"像素的 CA－MEDIAC－1400L 型单反数字相机，引起行业巨大震动。

1998 年是低价"百万像素"数字相机成为新的热点和主流产品的一年，当年发表或出售的新机种有 20 多个厂商的 60 多个品种，其中达到和超过"百万像素"的新产品约占全部新机种的 80%。

数码相机从诞生到现在，发展速度是惊人的，已经有 4500 万以上像素的相机问世，我们相信将不断有更好的产品出现。

目前国内的数码相机市场，佳能、尼康、索尼是三大主力品牌。数码相机产品的消费者大多为中青年人，20 岁到 40 岁是对相机产品关注度最高的区间。这也符合实际的环境表现，20 岁人群以大学生和刚工作的青年人为主，摄影爱好者较多。而中年人群的消费能力较高，是影像行业的重要消费力量。未来数码相机一定是分为专业及消费两条路线平行发展，专业级单反或无反相机更加注重成像质量、对焦性能等，像素也会越来越高；而消费级产品则会注重互联网分享的乐趣，或者通过搭载智能系统和可穿戴化，实现更多样化的拍照体验。

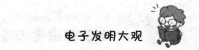

知识链接 >>>

对于数码相机而言，相机镜头是核心部件，起主要作用。理论上变焦倍数越大，镜头也会随着变形。10倍超大变焦的镜头最常遇到的问题就是镜头畸变。超大变焦的镜头很容易在广角端产生桶形变形，而在长焦端产生枕形变形，尽管目前技术无法解决，但是好的镜头会将变形控制在一个合理范围内。随着光学技术的进步，目前的超大变焦镜头实际上在光学性能上应该可以满足人们日常拍摄的需要。

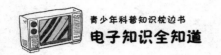

手机的发展历程

1902 年，一个名为内森·斯塔布菲尔德的美国人，在肯塔基州默里的乡下住宅内制成了第一个无线电话装置，这部可无线移动通信的电话就是人类对手机技术最早的探索研究。

1938 年，美国贝尔实验室为美国军方制成了世界上第一部"移动电话"手机。

1973 年 4 月，美国著名的摩托罗拉公司工程技术员马丁·库帕发明世界上第一部推向民用的手机，马丁·库帕从此也被称为现代"手机之父"。

第一代手机（1G）是指模拟的移动电话，也就是在 20 世纪八九十年代中国香港、美国等影视作品中出现的大哥大。最先研制出"大哥大"的是美国摩托罗拉公司的库帕博士。由于当时受电池容量限制和模拟调制技术需要硕大的天线和集成电路的发展状况等制约，这种手机外表四四方方，只能可移动，算不上便携，很多人称其为"砖头"或"黑金刚"等。

这种手机有多种制式，如 NMT，AMPS，TACS，但是只能进行语音通信，效果不稳定，且保密性不足，无线带宽利用不充分。此种手机类似于简单的无线电双工电台，通话锁定在一定频率，所以使用可调频电台就可以窃听通话。

第二代手机（2G）也是最常见的手机。通常这些手机使用 PHS，GSM 或者 CDMA 这些十分成熟的标准，具有稳定的通话质量和合适的待机时间。在第二代中为了适应数据通信的需求，一些中间标准也在手机上得到支持，例如支持彩信业务的 GPRS 和上网业务的 WAP 服务，以及各式各样的 java 程序等。

3G，指第三代移动通信技术。相对第一代模拟制式手机（1G）和第二代 GSM、CDMA 等数字手机（2G），第三代手机是指将无线通信与国际互联网等多媒体通信结合的新一代移动通信系统。它能够处理图像、音乐、视频流等多种媒体形式，提供包括网页浏览、电话会议、电子商务等多种信息服务。

4G，指的是第四代移动通信技术，包括 TD-LTE 和 FDD-LTE 两种制式，但严格意义上来讲，目前使用的 LTE 只是 3.9G。4G 是集 3G 与 WLAN 于一体，并能够快速、高质量传输数据、音频、视频和图像等；能够以 100Mbps 以上的速度下载，并能够满足几乎所有用户对于无线服务的要求。此外，4G 可以在 DSL 和有线电视调制解调器没有覆盖的地方部署，然后再扩展到整个地区。

2013 年 12 月 4 日下午，工业和信息化部（以下简称"工信部"）向中国移动、中国电信、中国联通正式发放了第四代移动通信业务牌照（即 4G 牌照），中国移动、中国电信、中国联通三家均获得 TD-LTE 牌照，此举标志着中国电信产业正式进入了 4G 时代。今天，5G 时代随着国内一些城市展开试点而来临。

知识链接 >>>

5G，也称第五代移动通信技术，是 4G 之后的延伸。中国（华为）、韩国（三星电子）、日本、欧盟都在投入相当的资源研发 5G 网络。2016 年 11 月，于乌镇举办的第三届世界互联网大会，美国高通公司带来的可以实现"万物互联"的 5G 技术原型入选 15 项"黑科技"——世界互联网领先成果。高通 5G 向千兆移动网络和人工智能迈进。2017 年 12 月 21 日，在国际电信标准组织 3GPP RAN 第 78 次全体会议上，5G NR 首发版本正式冻结并发布。2018 年 2 月 23 日，沃达丰和华为完成首次 5G 通话测试。

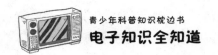
无线电导航技术的应用

无线电导航是利用电磁波传播的基本特性，通过无线电波的发射、接收和处理，再由导航设备测量出所在载体相对于导航台的方向、距离、距离差、速度等导航参量。通过测量无线电导航台发射信号的时间、相位、幅度、频率参量，来确定运动载体相对于导航台的方位、距离和距离差等几何参量，从而确定导航台与运动载体之间的相对位置关系，实现对运动载体的定位和导航。

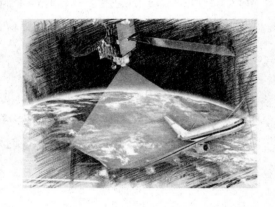

无线电导航不受时间条件、天气条件限制，准确度高，导航距离远，定位时间迅速，设备稳定，操作简单。但发射和接收无线电波易被发现和干扰，需要载体外的导航台支持才能正常使用，如果导航台失效，导航设备就无法使用。无线电导航所使用的设备或系统有无线电罗盘、伏尔导航系统、塔康导航系统、罗兰 C 导航系统、奥米加导航系统、多普勒导航系统、卫星导航系统以及发展中的"导航星"全球定位系统等。

无线电导航根据运载工具的不同分为：船舶无线电导航和飞行器导航。

船舶无线电导航，又称无线电航海，是利用无线电波测定船位和引导

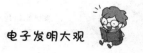

船舶沿预定航线航行的技术。

飞行器导航是利用无线电引导飞行器沿规定航线安全到达目的地的技术。利用无线电波，计算出与规定航线的偏差，由驾驶员或自动驾驶仪消除偏差。

无线电导航设备的主要安装基地包括地基（设备主要安装在地面或海面）、空基（设备主要安装在飞行的飞机上）和卫星基（设备主要装在导航卫星上）等3种。

根据作用距离，分为近程、远程、超远程和全球定位。

无线电信号中包含4个参数：振幅、频率、时间和相位。无线电波在传播过程中，某一参数可能发生与某导航参量有关的变化。通过测量这一电气参数就可得到相应的导航参量。根据所测电气参数的不同，无线电导航系统可分为振幅式、频率式、时间式和相位式。也可根据要测定的导航参量将无线电导航系统分为测角、测距、测距差和测速。

无线电导航测角系统是利用无线电波直线传播的特性，将飞机上的环形方向性天线转到最小接收的信号幅值，从而测出电台航向。同样，也可利用地面导航台发射迅速旋转的方向图，根据飞机不同位置接收到的无线电信号的不同相位去判定地面导航台相对飞机的方位角。测角系统可用于飞机返航，测角系统的位置线是直线，测出两个电台的航向就可得到两条直线位置线的交点，这交点就是飞机的位置。

无线电导航测距系统也是利用无线电波恒速直线传播来工作的，主要用于空间测距。在飞机和地面导航台上各安装一套接收、发射机。飞机向地面导航台发射询问信号，地面导航台接收并向飞机转发回答信号，测出滞后时间就可算出飞机与导航台的距离。如果利用电波的反射特性，根据地面导航台或飞机的反射信号的滞后时间也可测出距离。

无线电导航测距差系统是利用时间差与距离差来测距的。在飞机上安装一台接收机，地面设置2—4个导航台。各导航台同步发射无线电信号，各信号到达飞机接收机的时间差与导航台到飞机的距离差成比例，测出它们到达的时间差就可求得距离差。与两个定点保持等距离差的点的轨迹是

球面双曲面，因此这种系统的位置线是球面双曲面与飞机所在高度的地心球面相交而成的双曲线。利用3个或4个地面导航台，可求得两条双曲线。根据两条双曲线的交点，即可定出飞机的位置。现代使用的测距差系统大多是脉冲式或相位式的。

无线电导航测速系统是利用多普勒效应工作的。安装在飞机上的多普勒导航雷达以窄波束向地面发射厘米波段的无线电信号，飞机接收到由地面反射回来的信号频率与发射信号频率不同，存在一个多普勒频移，测出多普勒频移就可求出飞行器相对于地面的速度。再利用飞机上垂直基准和航向基准给出的俯仰角和航向角，将径向速度分解出东向速度和北向速度，分别对时间求积分即可得出飞机当时的位置。多普勒测速系统的位置线也是双曲线，它是由等多普勒频移的锥面与飞机所在高度的地心球面相交而成的。

20世纪二三十年代，无线电测向是航海和航空仅有的一种导航手段，而且一直沿用至今。不过它后来已成为一种辅助手段。第二次世界大战期间，无线电导航技术迅速发展，出现了各种导航系统。雷达也开始在舰艇和飞机上用作导航手段。飞机着陆开始使用雷达和仪表着陆系统。20世纪60年代出现子午仪卫星导航系统，70年代微波着陆引导系统研制成功，80年代同步测距全球定位系统研制成功。无线电导航在军事和民用方面有着广阔的应用前景。

知识链接 >>>

2014年11月17日至21日，国际海事组织海上安全委员会第94次会议在英国伦敦召开，中国交通运输部组团参会，并代表中国政府向国际海事组织承诺我国北斗卫星导航系统的服务性能和运行维护管理要求以及北斗卫星导航系统在国际海事领域的应用政策。此次国际海事组织认可后，中国将继续全面推进国际电工委员会、国际航标组织、国际电信联盟等国际技术组织的标准、规范、指南文件的制定和修订，以实现北斗系统进一步在国际海事领域的全方位应用。

定位专家 GPS

利用 GPS 定位卫星，在全球范围内实时进行定位、导航的系统，称为全球卫星定位系统，简称 GPS。三维导航是 GPS 的首要功能，飞机、轮船、地面车辆以及步行者都可以利用 GPS 导航器进行导航。汽车导航系统是在全球定位系统 GPS 基础上发展起来的一门新型技术。汽车导航系统由 GPS 导航、自律导航、微处理机、车速传感器、陀螺传感器、CD-ROM 驱动器、LCD 显示器组成。GPS 导航系统与电子地图、无线电通信网络、计算机车辆管理信息系统相结合，可以实现车辆跟踪和交通管理等许多功能。

GPS 始于 1958 年美国军方的一个项目，1964 年正式投入使用。20 世纪 70 年代，美国陆、海、空三军联合研制了新一代卫星定位系统 GPS。主要目的是为陆、海、空三大领域提供实时、全天候和全球性的导航服务，并用于情报收集、核爆监测和应急通信等一些军事目的。经过 20 余年的研究实验，耗资 300 亿美元，到 1994 年，全球覆盖率高达 98% 的 24 颗 GPS 卫星已布设完成。GPS 导航系统的基本原理是测量出已知位置的卫星到用户接收机之间的距离，然后综合多颗卫星的数据就可知道接收机的具体位置。要达到这一目的，卫星的位置可以根据星载时钟所记录的时间在卫星

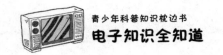

星历中查出。当用户接收到导航电文时，提取出卫星时间并将其与自己的时钟做对比，便可得知卫星与用户的距离，再利用导航电文中的卫星星历数据推算出卫星发射电文时所处位置，用户在 WGS–84 大地坐标系中的位置、速度等信息便可得知。

由于 GPS 技术所具有的全天候、高精度和自动测量的特点，在航海中被广泛运用，作为先进的测量手段和新的生产力，已经融入了国民经济建设、国防建设和社会发展的各个应用领域。

GPS 系统应用于航海中，不仅精度高、可连续导航、有很强的抗干扰能力，而且能提供七维的时空位置速度信息。在最初的实验性导航设备测试中，GPS 就展示了其导航系统，在航海导航中发挥的划时代的作用。今天很难想象哪一条船舶不装备 GPS 导航系统和设备，航海应用已名副其实成为 GPS 导航应用的最大用户，这是其他任何领域的用户都难以比拟的。

今天，民用的 GPS，和我们的生活更为接近。

在巡线车辆管理中的运用：巡线车辆监控调度方案服务于需要通过车辆巡逻来监控线路状态的服务型企业或管理型部门。方案将线路的规划和实际的巡线工作结合起来，以业务关键点为核心，通过 GPS 实时监控获得车辆的位置信息来考察车辆的巡线任务完成情况，通过各车辆距离事发关键点的距离和车辆当前的状态自动进行可调度车辆的选取。最终结合车辆分析和周密的统计报表，行成可计划、可执行、可评价的巡线车辆监控调度方案。该方案由行业中的成功实践者提出，并在 2010 广州亚运会对中国电信巡线车辆成功运用。

在汽车导航和交通管理中的应用：三维导航是 GPS 的首要功能，飞机、轮船、地面车辆以及步行者都可以利用 GPS 导航器进行导航。汽车导航系统是在全球定位系统 GPS 基础上发展起来的一门新型技术。汽车导航系统由 GPS 导航、自律导航、微处理机、车速传感器、陀螺传感器、CD-ROM 驱动器、LCD 显示器组成。GPS 导航系统与电子地图、无线电通信网络、计算机车辆管理信息系统相结合，可以实现车辆跟踪和交通管理等

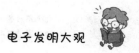

许多功能。

而民用GPS，也曾应用于军事领域。在海湾战争时期，为了缓解当时"沙漠风暴"行动时军用GPS接收装置短缺的问题，美军考虑购买民用GPS接收装置。民用接收装置的导航功能和军用装置完全一样，只不过不能识别军用加密信号而已。因此，到了"沙漠盾牌"军事行动的时候，美国国防部就提前购买了数千套民用GPS接收装置装备各参战部队，占到了所有的5300套接收装置的85%。

GPS定位技术具有高精度、高效率和低成本的优点，使其在各类大地测量控制网的加强改造和建立以及在公路工程测量和大型构造物的变形测量中得到了较为广泛的应用。它已经融入到我们的生活当中，成为人类不可或缺的好帮手。

知识链接 >>>

随着2000年10月31日第一颗北斗导航卫星成功发射，我国开始逐步建立北斗卫星定位系统。截止到2013年，北斗在军用及民用领域均已开展应用，对GPS形成了一定程度的冲击。如在军用领域，北斗二代军用终端已达到厘米级的定位精度；而在更广泛的民用领域，三星已推出支持北斗卫星定位功能的手机，凯立德已推出支持北斗的车载导航仪，根据《国家卫星导航产业中长期发展规划》，到2020年，我国卫星导航系统产值将超过4000亿元，国内以往由GPS垄断市场的局面将彻底改变。

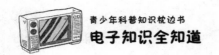
电子学习工具

电子学习产品共经历了五代的变革。

20 世纪 80 年代初，录音机作为一种学习辅导工具，在教育学习和语言学习中，被人们广泛使用。录音机属于第一代电子学习工具。

90 年代初，复读机诞生，除了延续录音机的功能外，还增加了录音回放的功能，尤其适合学外语的人群使用。复读机依然以辅导语言学习为主要功能。

90 年代中期，电子词典问世。与以往产品不同，电子词典带有独立显示屏，提供个人信息管理、中英文词典、中英文互译等功能，还具有句子短文的朗诵功能，已经不单单是一个语言类学习的辅导工具，它包括了不同阶段的课程知识点、公式、定理，更增加课外趣味性的知识。后来电子词典可以通过网络下载来丰富和更新电子词典的内容。

21 世纪初，便携式学习机正式上市。随着技术的发展，学习机不仅拥有了电子词典便携的外形，更进一步增强了产品功能，支持不同学习形式和多样化科目。拓展版的学习机功能更加完善，具备开放式操作系统、支持容量扩充、播放器等功能。

2005 年开始，便携式学习机更注重学习资源和教学策略的应用。课堂同步辅导、全科辅学功能、多国语言学习、标准专业词典以及内存自由扩充等功能已开始成为学习机的主流特征。随着网络的普及，越来越多的学习机产品全面兼容网络学习、情境学习、随身外教、单词联想记忆、在线图书馆等多种模式，并有大内存和 SD/MMC 卡内存自由扩充功能。应该说，第四代电子学习产品基本能满足人们的学习需求。

2011 年，第五代电子学习产品——学生平板电脑上市。第五代产品的核心技术是 3D 互动激励学习平台，跟第四代相比，具有以下特点：

（1）借鉴 3D 虚拟技术和网络交互功能，通过 3D 模式将真实的校园课堂场景呈现，学生以自己设计的虚拟人物形象进入平台学习，类似于真实的课堂情景，充分营造出学习的氛围。学生在享受名校名师教学的同时，可以和伙伴们进行在线学习、沟通。

（2）吸取了网络技术的最新发展成果，让学生在游戏般的场景中进行学习。这种寓教于乐的激励方式符合广大学生的天性，也让学生真正体会到了信息化时代带来的学习乐趣。

（3）提供全方位的服务。全程学习跟踪：跟踪每个学生的学习过程，提出意见和建议。学科疑难解答：老师在线回答学生的各科疑难问题。学法指导：根据每位学生的特点，激发学生的学习兴趣，找到适合学生的学习方法，并灵活应用于日常学习中。心理辅导：有针对性地解决学生与父母、老师与同学相处的烦恼，学生学习兴趣低、焦虑、紧张等心理问题。

第五代电子学习产品具有划时代的意义。学生不再把电子学习产品作为一个教辅工具，而是把它当成一个学习的伙伴。

电子学习产品自诞生至今，一直在不断探索挖掘和满足学生们的需求，历经"录音机时代"（第一代），"复读机时代"（第二代），"电子词典时代"（第三代），"视频学习机时代"（第四代）。随着录音机、低容量存储介质逐步退出，我们不难发现，电子学习产品每一次更新，都得益于科技的发展。如今，平板电脑以多媒体化的学习方式，兼具便携性与实用性于一身的特点，引领电子学习产品的潮流。

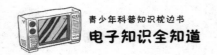

    点读笔可以说是一个突破传统思维的具有高科技的学习工具，如果把它归类的话，它应该属于第四代电子学习产品。点读笔通过点到哪里读到哪里的方式，结合听说读的学习方法，提高孩子的学习兴趣，刺激右脑的开发，在快乐中学习，吸收课本知识，让提高学习成绩不再成为难题。而且它体积小巧，轻松携带，无论是在学校或是在课外，都可以使用。点读笔不是玩具，也不是教具，让孩子在玩乐中得到知识，而且没有光源，相比带屏幕的电教产品而言，点读笔对孩子的眼睛没有任何辐射，近视的风险几乎没有。

电子显微镜仪器

电子显微镜是使用电子来展示物件内部或表面的显微镜。高速的电子波长比可见光的波长短（波粒二象性），而显微镜的分辨率受其使用的波长的限制。因此电子显微镜的分辨率（约 0.1 纳米）远高于光学显微镜的分辨率（约 200 纳米），所以通过电子显微镜就能用肉眼直接观察到某些重金属的原子和晶体中排列整齐的原子点阵。

电子显微镜主要由五部分组成：

（1）电子源：是一个释放自由电子的阴极，一个环状的阳极加速电子。阴极和阳极之间的电压差必须非常高，一般在三百万伏到数千伏之间。

（2）电子透镜：用来聚焦电子，一般使用的是磁透镜，有时也使用静电透镜。电子透镜的作用与光学显微镜中的光学透镜的作用是一样的。光学透镜的焦点是固定的，而电子透镜的焦点可以被调节，因此电子显微镜不像光学显微镜那样有可以移动的透镜系统。

（3）真空装置：用以保障显微镜内的真空状态，这样电子在其路径上不会被吸收或偏向。

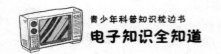

（4）样品架：样品可以稳定地放在样本架上。此外往往还有可以用来改变样品（如移动、转动、加热、降温、拉长等）的装置。

（5）探测器：用来收集电子的信号或次级信号。

显微镜经历了几十年的变迁，才有了今天的电子显微镜。

1926年，汉斯·布什研制了第一个磁力电子透镜。1931年，厄恩斯特·卢斯卡和马克斯·克诺尔研制了第一台透视电子显微镜。展示这台显微镜时使用的还不是透视的样本，而是一个金属格。1986年，卢斯卡因此获得诺贝尔物理学奖。1938年他在西门子公司研制了第一台商业电子显微镜。

1934年，锇酸被提议用来加强图像的对比度。1937年，第一台扫描透射电子显微镜推出。一开始研制电子显微镜最主要的目的是显示在光学显微镜中无法分辨的病原体，如病毒等。

20世纪60年代，投射电子显微镜的加速电压越来越高，以用来透视越来越厚的物质。这个时期电子显微镜达到了可以分辨原子的能力。

80年代，人们能够使用扫描电子显微镜观察湿样本。

90年代，电脑越来越多地用来分析电子显微镜的图像，使用电脑也可以控制越来越复杂的透镜系统，同时电子显微镜的操作越来越简单。

电子显微镜按结构和用途可分为透射式电镜、扫描式电镜、反射式电镜和发射式电镜等。透射式电镜常用于观察那些用普通显微镜所不能分辨的细微物质结构。扫描式电镜主要用于观察固体表面的形貌，也能与X射线衍射仪或电子能谱仪相结合构成电子微探针，用于物质成分分析。发射式电镜用于自发射电子表面的研究。

透射电镜和扫描电镜是最常用的两种仪器。

透射电镜是以电子束透过样品经过聚焦与放大后所产生的物像，投射到荧光屏上或照相底片上进行观察。透射电镜的分辨率为0.1—0.2纳米，放大倍数为几万至几十万倍。由于电子易散射或被物体吸收，故穿透力低，必须制备更薄的超薄切片（通常为50—100纳米）。其制备过程与石蜡切片相似，但要求极为严格。要在机体死亡后的数分钟取材，组织块要小

（1立方毫米以内），常用戊二醛和锇酸进行双重固定树脂包埋，用特制的超薄切片机切成超薄切片，再经醋酸铀和柠檬酸铅等进行电子染色。

电子束投射到样品时，可随组织构成成分的密度不同而发生相应的电子发射，如电子束投射到质量大的结构时，电子被散射的多，因此投射到荧光屏上的电子少而呈暗像，电子照片上则呈黑色，此时称电子密度高。反之，则称电子密度低。

扫描电镜是用极细的电子束在样品表面扫描，将产生的二次电子用特制的探测器收集，形成电信号运送到显像管，在荧光屏上显示物体。（细胞、组织）表面的立体构象，可摄制成照片。

扫描电镜样品用戊二醛和锇酸等固定，经脱水和临界点干燥后，再与样品表面喷镀薄层金膜，以增加二波电子数。扫描电镜能观察较大的组织表面结构，由于它的景深长，能够使1毫米左右的凹凸不平面清晰成像，故扫描出的样品图像具有立体感。

知识链接 >>>

显微镜是一种用途很广的光学仪器。显微镜在医学上的广泛运用，使得人们得以深入观察物体的微细结构，从而促进了近代组织学、微生物学、胚胎学和病理学的建立和发展。此外，它在国防工业、机械工业，特别是在精密机械工业上的作用，显得越来越重要，是现代的机械制造厂不可缺少的工具。在实现我国农业、工业、国防和科学技术现代化的进程中，显微镜的作用将会更大，同时显微镜也会在这一进程中不断完善和获得更快的发展。

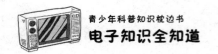

电子手表

电子手表的内部装配有电子元件，主要分为液晶显示数字式和石英指针式两种。

经常戴电子手表的人一定都是为了它的方便和准确度高。电子手表不但能显示时间，而且能显示出星期和日期。它与机械表有一定的区别。一提到机械时钟或电子手表，大家一定会想起振动。机械表利用的是机械振动，电子手表当然利用的是电学振荡原理。最早的振荡电路是由电感器和电容器构成，称为 LC 电路，但它的频率稳定性差。后来，科学家们用石英晶体代替 LC 振荡器，就大大提高了频率稳定性。石英为规则的六边形晶体。在石英晶体上按一定方位切割下的薄片叫作石英晶片。石英晶片有一个奇妙的特性：若晶片上加以机械力，则在相应的方向上就会产生电场。这种物理现象称为"压电效应"。在石英晶片的极板上接上交流电场，当外加交变电压的频率与石英晶片的固有频率相等时，就会产生共振。这种现象称为"压电共振"。利用这种稳定的振荡特性，人们就创造出了精度极高的电子表和石英钟。

电子手表出现在 20 世纪 50 年代，经历了五代演变。

第一代为摆动式（用电磁摆轮代替发条驱动）电子手表。这种表在1959年由瑞士开始研制，是利用生产摆轮游丝的成熟经验和精湛技术制成的。

第二代为音叉电子手表。1960年，美国研制成音叉电子手表。它是电子技术和精密机械加工结合的初步尝试。这种表的零件加工要求和装配调整工艺比机械表难度要大，所以还没有来得及推广就被迅速发展的第三代、第四代电子手表代替。

第三代为指针式水晶电子表。水晶就是石英的俗称。1930年世界上第一台石英钟问世。20世纪60年代，半导体集成电路的发展使水晶应用于手表工业成为可能。1969年，日本最早研制成石英电子手表。

第四代为液晶显示式电子手表，也叫全电子表或固态表。20世纪70年代，瑞士、日本等国研制成液晶显示（表盘上直接显示数字）石英电子手表，它是全电子化的手表，无任何走动元件，内部结构运用集成电路，走时更为精确。这种表于1973年投入市场。

山崎淑夫发明了第四代液晶电子手表。大学毕业后的山崎淑夫，进入了日本一家名不见经传的"精工制表公司"。为了研制这种新手表，他一个人单枪匹马苦苦钻研了4年，经常是在别人下班以后还在废寝忘食地反复实验。在经历了数百次的失败后，做出了第一块液晶显示电子手表样表。后来精工企业投入了巨资，打出了"精工表"品牌。在1973年，"精工制造"开发出世界上第一块液晶显示式数字石英手表"精工石英06LC"。

事实证明，液晶电子表以其精确、廉价、节电和款式多样化的优点，广受青睐，而且还带动了手表行业的一场革命，精工表的利润迅速提升，其他日本厂家也纷起效仿。"精工制造"也是凭借了小小的电子表，一举赶上"东芝"和"松下"这两个竞争对手。

目前，电子手表已经进入第五代，智能手表是具有信息处理能力、符合手表基本技术要求的手表，除指示时间之外，还应具有提醒、导航、校准、监测、交互等其中一种或者多种功能；显示方式包括指针、数字、图像等。

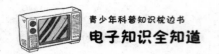
随着移动技术的发展，许多传统的电子产品也开始增加移动方面的功能，比如过去只能用来看时间的手表，现今也可以通过智能手机或家庭网络与互联网相连，显示来电信息、Twitter 和新闻 feeds、天气信息等内容。

知识链接 >>>

钟的发展依次走过了以地球自转、月球围绕地球旋转和地球围绕太阳公转为代表的天文物理历法时代，以晶体振荡器为代表的机械力学钟表时代，以量子力学在原子分子物理学中的应用为代表的原子钟时代。原子钟作为核心技术目前已经广泛应用于人类活动的各种领域，它除了提供时间频率的计量服务以外，原子钟最显著的工程应用是在全球定位系统（GPS）中。高精度原子钟是基础科学中的重要工具，人们可以借助它完成对广义相对论的验证、特殊参考系的研究、物质与反物质的对称性以及量子力学理论的验证等重要工作。

环保太阳能台灯

太阳能台灯是通过太阳能电池板吸收太阳能，再将其转换为电能并贮存在蓄电池内，用来照明的新型台灯。当需要照明时，打开太阳能台灯的开关，就可用于照明。

太阳能台灯被大多数人们所喜爱和接受，究其原因，主要是这种台灯顺应了当前环保节能的潮流，方便了人们的生活。

太阳能台灯采用高亮度低功耗的高科技散光 LED 灯作为光源，起到了清洁、环保、节能的作用。太阳能发电板作为台灯的电源供应，不但移动方便，而且几乎不耗市电。人们在白天出门时将电池盒取出并放置在能接收到阳光的地方，当傍晚回来再将电池盒插入台灯，就可以供晚上使用了。在充裕的太阳光下照一天，台灯可以连续使用 3.5 个小时以上。当没有阳光时，可以使用交流电供电，LED 灯的耗电量较低，即使一整年使用交流电供电，一年产生的电费也比传统白炽灯低很多。

太阳能台灯还具有护眼和保健功能。想了解护眼功能，就必须先了解"频闪"和"电磁辐射"的含义，以及对人体产生的危害。简单地说，直接

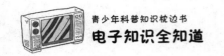
使用交流电的光源必然存在频闪，发热量大的光源也必然存在热辐射。而太阳能台灯使用低压直流供电，发热量极低（LED是低能耗产品），即使台灯用交流电供电，也是使用了适配器，已经将交流电变成了直流低压电，所以真正做到了零频闪和零辐射，起到护眼作用。

太阳能台灯带有充电功能，当用户用交流适配器供电时，一方面给LED点亮提供能源，另一方面如果电路板控制系统发现电池电压低时能够及时对内部电池充电，充满后自动停止（带负载充电一般11个小时就能从无到充满，如果电池有较多的余电，那么充电时间更短）。供电停止时内部电路会直接切到内部镍氢电池供电，电池充满情况下，高亮度点亮时间长达7.5小时。

太阳能台灯的安全性能好。台灯使用9V电压供电，使用时不存在误触灯头等造成伤害的问题。即使是好动的孩子直接用手去触摸台灯内部的导线接头或金属片，也不会发生任何触电事故，非常安全。

太阳能台灯的内部使用的是锂离子电池，符合国际环保公约要求，可以反复使用。使用取之不尽、用之不绝的清洁能源——太阳能，节能环保，无二次污染。

太阳能台灯同时还具有外观新颖、简洁时尚，经久耐用，质量可靠稳定，使用寿命较长等特点。

知识链接 >>>

太阳能手电筒是采用太阳能技术与节能LED完美结合的产物，外观精致，方便实用，白天放到太阳底下晒晒，晚上就可以用几个小时，不需要更换电池，不会造成环境污染，是真正的低碳环保绿色产品。适用于家庭或户外照明，狩猎者、徒步旅行者和露营者，军事，警卫，交通勘查和从事紧急情况的工作等。

时尚的电子杂志

　　近年来随着计算机事业的迅速发展，特别是计算机跨入多媒体世界后，陆续出现了多种新型出版物。电子杂志就是其中一种。这种新型出版物就其内容而言，也具有一般杂志的属性，是有固定栏目内容、按顺序连续出版的刊物。但是，由于它赖以存在的载体发生了根本的变化，已不再是普通的纸张，而变成了容量巨大的磁盘、光盘或网盘，这就使得电子杂志与传统的杂志相比，具有无可比拟的优越性。

　　电子杂志是第三代新媒体，以Flash为主要载体独立于网站而存在，兼具了平面与互联网两者的特点，把图像、文字、声音、视频、游戏等多种元素相互融合在一起，最后以动态的形式呈现给读者，此外，还有超链接、及时互动等网络元素，是一种很现代、很时尚的阅读方式。并且电子杂志延展性强，还能移植到掌上电脑、移动电话、数字电视、机顶盒等多种个人终端进行阅读。

　　电子杂志由许多Flash动画组成，制作步骤十分复杂。在视觉上，它保留了平面杂志的目录，用电脑技术、专业软件营造出翻页的逼真效果。但

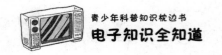
它比传统的杂志更有冲击力，视觉上充满动感和层次感，翻阅时配有或酷或雅的背景音乐，将读者的感官充分调动起来。除此之外，它还能与翻阅者进行充分互动，通过动感画面的穿插，让观看者可以像玩游戏一样地看杂志，在轻轻的鼠标点击中颇有趣味地进行阅读，翻阅一本制作优美的电子杂志，就是一种美妙的享受。更重要的是，电子杂志是基于互联网、计算机进行传播阅读的数字化杂志，彻底改变了传统杂志的阅读模式，可以出现于世界上任意一个互联网终端，无数人对同一本杂志进行下载或者在线阅读，而不增加任何成本。

电子杂志作为新型的多媒体传媒载体，有很多的优点：首先，电子杂志是机读杂志，它可以借助计算机惊人的运算速度和海量存储，极大地提高信息量；其次，在计算机特有的查询功能的帮助下，它使人们在信息的海洋中快速找寻所需内容成为可能；再者，电子杂志在内容的表现形式上，是声、图、像并茂，人们不仅可以看到文字、图片，还可以听到各种音效，看到动态的图像。

总之，可以使人们受到多种感官的感受。加上电子杂志中极其方便的电子索引、随机注释，更使得电子杂志具有信息时代的特征。

随着网络技术的发展，更多的可供选择的电子杂志的发行方式将应运而生。同时，网络速度的大大提高使得电子杂志的可获得性和数据的可靠性大大提高。网络通信费用的不断下降也将为电子杂志的扩大发行等带来新的机会。

电子杂志的内部特征将日益丰富。更多、更便利的输出格式将满足读者的各种需求。更多、更富于创造性的版面设计将层出不穷。各种链接的应用将异彩纷呈。一方面使得读者在杂志内部的"航行"游刃有余；另一方面，也使得电子杂志的内涵大大地超过了一本杂志的本身，而成为相关知识和信息的一个几乎可以无限延伸的集合体。读者可以通过一本杂志或一篇文章所包含的链接"走向"相关的文章、杂志、著作、书目或索引数据库、网站等。

值得一提的是，电子杂志在各种传媒系统（如电视系统）和计算机网

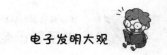

络中的出现，已经打破了以往的发行、传播形式，也打破了人们传统的时空观念，它将会更加贴近人们的生活，更加密切人与人之间思想、感情的交流，更好地满足新时代人们对文化生活的更高要求。

知识链接 >>>

　　电子书又称e-book，是将书的内容制作成电子版后，放在网上出售。购买者付款后，即可下载并使用专用浏览器在计算机、其他可以添加阅读器应用的工具、手机、电子纸上离线阅读。电子图书不同于网上的免费线上阅读，它是与纸制版同步推出的最新书籍，所以阅读它要支付一定的费用；与光盘图书的不同之处在于，e-book是基于互联网购买。

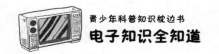
LED 照明技术的应用

LED（Light Emitting Diode）即发光二极管，是一种半导体固体发光器件。人们通常说的半导体照明一般是指用 LED 作为光源的照明，它是利用固体半导体芯片作为发光材料，在半导体中通过载流子发生复合，放出过剩的能量而引起光子发射，直接发出红、黄、蓝、绿、青、橙、紫、白色的光。LED 照明产品就是利用 LED 作为光源制造出来的照明器具。

LED 被称为第四代照明光源或绿色光源，具有节能、环保、寿命长、体积小等特点，可以广泛应用于各种指示、显示、装饰、背光源、普通照明和城市夜景等领域。从广义上讲，还应该包括 LD（激光二极管）作为光源的照明，LD 可以用于舞台灯光、大型室外集会、庆典、娱乐和远距离照明等。

LED 照明光源目前是很理想的照明工具，具备多种优点。

（1）高节能。节约能源、无污染即为环保。直流驱动，超低功耗电光功率转换接近 100%，相同照明效果比传统光源节能 80% 以上。

（2）寿命长。LED 光源，有人称它为长寿灯，意为永不熄灭的灯。固体冷光源，环氧树脂封装，灯体内也没有松动的部分，不存在灯丝发光易烧、热沉积等缺点，使用寿命可达 10 万小时，比传统光源寿命长 10 倍以上。

（3）多变幻。LED 光源可利用红、绿、蓝三基色原理，在计算机技术控制下使三种颜色具有 256 级灰度并任意混合，即可产生 16777216 万种颜色，形成不同光色的组合，变化多端，实现丰富多彩的动态变化效果及各种图像。

（4）利环保。环保效益更佳，光谱中没有紫外线和红外线；既没有热量，也没有辐射，眩光小；而且废弃物可回收，没有污染，不含汞元素；冷光源可以安全触摸，属于典型的绿色照明光源。

（5）高新尖。与传统光源单调的发光效果相比，LED 光源是低压微电子产品，成功融合了计算机技术、网络通信技术、图像处理技术、嵌入式控制技术等，所以亦是数字信息化产品，是半导体光电器件"高、新、尖"技术，具有在线编程、无限升级、灵活多变的特点。

这种照明虽然原理简单，技术不太复杂，可在应用中仍存在着一些缺点。

（1）会因温度升高而产生光强衰减。LED 实际是个半导体 PN 结（发光二极管的核心部分是由 P 型半导体和 N 型半导体组成的晶片，在 P 型半导体和 N 型半导体之间有个过渡层，称为 PN 结），其正向导通电压虽然都在一个范围内，但却因生产厂家、设备型号、进货批次的不同而相异，这种情况极易导致相当一部分 LED 不能工作在正常工作点上。

（2）单个 LED 功率低。为了获得大功率，需要多个并联使用，如汽车尾灯。单个大功率 LED 价格很贵。现阶段大功率 LED 价格较之于白炽灯价格要贵几倍、十几倍甚至几十倍。

（3）显色指数低。在 LED 照射下，显示的颜色没有白炽灯真实。

从全球来看，半导体照明产业已形成以北美洲、亚洲、欧洲三大区域为主导的三足鼎立的产业分布与竞争格局。随着市场的快速发展，美国、日本、欧洲各主要厂商纷纷扩产，加快抢占市场份额。根据目前全球 LED

产业发展情况，预测 LED 照明将使全球照明用电减少一半，2007 年起，澳大利亚、加拿大、美国、欧盟、日本及中国台湾等国家和地区已陆续宣布将逐步淘汰白炽灯，发展 LED 照明成为全球产业的焦点。

中国 LED 产业起步于 20 世纪 70 年代。经过 40 多年的发展，中国 LED 产业已初步形成了包括 LED 外延片的生产、LED 芯片的制备、LED 芯片的封装以及 LED 产品应用在内的较为完整的产业链。在"国家半导体照明工程"的推动下，形成了上海、大连、南昌、厦门、深圳、扬州和石家庄等 7 个国家半导体照明工程产业化基地。长三角、珠三角、闽三角以及北方地区则成为中国 LED 产业发展的聚集地。

目前，中国半导体照明产业发展良好，外延芯片企业的发展尤其迅速，封装企业规模继续保持较快增长，照明应用取得较大进展。

2008 年北京奥运会对 LED 照明的集中展示让人们对 LED 有了全新的认识，这有力推动了中国半导体照明产业的发展。当前中国半导体产业大而不强，核心竞争力仍有待于进一步提升。对国内企业而言，壮大规模、提高产品质量与技术水平是首要任务，然后逐步通过研发突破核心专利。

从产业发展前景和趋势来看，由于环保节能低碳受到重视，使得半导体照明的应用日益广泛，也使得国内外大批厂商竞相投入这一新兴产业领域。

知识链接 >>>

LED 只能够往一个方向导通（通电），叫作正向偏置（正向偏压），当电流流过时，电子与电洞在其内重合而发出单色光，这叫电致发光效应，而光线的波长、颜色跟其所采用的半导体物料种类与故意渗入的元素杂质有关。

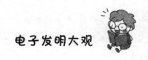
鼠标的发展历程

鼠标因形似老鼠而得名，它的全称是"鼠标器"，英文名"Mouse"。是一种计算机输入设备工具，分有线和无线两种，是计算机显示系统纵横坐标定位的指示器，使用鼠标可以让计算机的操作变得更方便。

随着 Windows 操作系统的不断发展，鼠标作为电脑一个外形微小而最不起眼的输入设备，发挥着重要的作用，有时候它的重要程度甚至超过了键盘。

鼠标是在 20 世纪 80 年代后才得到广泛应用。1981 年，施乐对其 Alto 鼠标进行了升级，推出了集成图形用户界面的 8081 系统控制器 Star，它是首个推向商用市场的鼠标。

1983 年，苹果公司在推出的 Lisa 机型中也使用了鼠标，尽管 Lisa 机型并未获得多大的成功，但鼠标之于计算机的影响开始体现。微软在 Windows 3.1 中也对鼠标提供支持，而到了 Windows 95 时代，鼠标已经成为电脑不可缺少的操作设备。在此之后，鼠标得到了迅速普及。

经过几十年的发展，出现了光学式、光机式鼠标，轨迹球、特大轨迹球，以及笔记本电脑上的指点杆和手指感应式鼠标。与世界上最早发明的第一款鼠标相比，如今的鼠标简直是质的飞跃，将来还会向着多功能、多

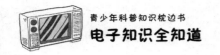

媒体、符合人体工程学的方向继续发展。

鼠标按照接口类型分为串行鼠标、PS/2 鼠标、总线鼠标、USB 鼠标四种。串行鼠标有 9 针接口和 25 针接口两种，通过串行口连接计算机；PS/2 鼠标是通过一个 6 针微型 DIN 接口与计算机相连，它与键盘的接口非常相似；总线鼠标的接口在总线接口卡上；USB 鼠标通过一个 USB 接口，直接插在计算机的 USB 接口上使用。

鼠标按照其工作原理及其内部结构的不同，可以分为机械式、光学式、光机式和光电式鼠标。

机械鼠标主要由滚球、辊柱和光栅信号传感器组成。鼠标被拖动时，带动滚球转动，滚球又带动辊柱转动，装在辊柱端部的光栅信号传感器产生的光电脉冲信号反映出鼠标器的位移变化，再通过电脑程序的处理和转换来控制屏幕上光标箭头的移动。

光机鼠标与机械式鼠标一样，有一个胶质的小滚球，不同的是光机鼠标有两个带有栅缝的光栅码盘，还增加了发光二极管和感光芯片。当鼠标移动时，滚球会带动两只光栅码盘转动，由于光栅码盘存在栅缝，二极管发射出的光便可透过栅缝直接照射在两颗感光芯片组成的检测头上。光信号被送入专门的控制芯片内运算生成对应的坐标偏移量，确定光标在屏幕上的位置。由于采用了非接触部件，大大降低了磨损率，提高了鼠标的寿命，增加了鼠标的精度。光机鼠标的外形与机械鼠标没有区别，但光机鼠标在精度、可靠性、反应灵敏度方面都大大超过机械鼠标，可以说，光机鼠标开启了真正的鼠标时代。但是长时间使用后，光机鼠标反应灵敏度和定位精度都会有所下降，耐用性不如其他鼠标。

光电鼠标是与光机鼠标几乎是同时出现的，是一种完全没有机械结构的数字化鼠标。它没有传统的滚球、转轴等设计，其主要部件为两个发光二极管、感光芯片、控制芯片和一个带有网格的反射板（相当于专用的鼠标垫）。此种光电鼠标在精度指标上的确有所进步，光电鼠标将鼠标的精度提高到了全新的水平，充分满足了专业应用的需求，但它仍有大量的缺陷。首先，光电鼠标必须依赖反射板，如果反射板弄脏或者磨损，光电鼠标便无法判断光标的位置所在，甚至整个鼠标会因此报废；其次，光电鼠标的造价昂贵。

光学鼠标器是微软公司设计的一款高级鼠标。鼠标底部有一个小型感光头，一个发射红外线的发光管，发光管每秒钟向外发射 1500 次，然后感光头再将反射回馈给鼠标的定位系统，实现定位。光学鼠标既保留了光电鼠标的高精度、无机械结构等优点，又具有较高可靠性和耐用性，并且无须清洁，一经推广就受到用户的高度赞扬。

另外，无线鼠标和 3D 鼠标，都是比较新颖的鼠标。

无线鼠标是专为大屏幕显示器生产的。这种鼠标没有电线连接，而是采用电池无线遥控，有自动休眠功能，接收范围在 1.8 米以内。

3D 鼠标是一种新型的鼠标器，具有全方位立体控制能力，可以向前、后、左、右、上、下六个方向移动，还可以组合移动。外形和普通鼠标不同，由一个扇形的底座和一个能够活动的控制器构成。

鼠标技术经历几次大变革，经受住市场考验的只有光机鼠标和光学鼠标，它们也是当前鼠标技术的主要代表。

知识链接 >>>

道格拉斯·恩格尔巴特是电脑界的一位奇才，是"人机交互"领域里的大师，从 20 世纪 60 年代初期开始，在人机交互方面做出了巨大的贡献。1968 年 12 月 9 日道格拉斯·恩格尔巴特与他的同事发明了世界上第一只鼠标，这个鼠标的结构较为简单，原始底部装有两个互相垂直的片状圆轮（非球形），每个圆轮分别带动一个机械变阻器，利用鼠标移动时引发电阻变化来实现光标的定位和控制。鼠标发明的最大意义在于，它使得计算机输入设备有了更多样的选择，并为操作系统采用图形界面技术奠定了基础，因此，道格拉斯·恩格尔巴特也被后人称为"鼠标之父"。

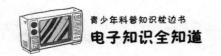
灵巧的电子驱鼠器

电子驱鼠器利用鼠类对于超声波的敏感程度比人类强 200 倍的特点，用电子线路产生高频振荡，经超声波换能器产生超声波，使这种超声波对鼠类形成刺激，破坏其正常的生活习性，而达到驱鼠的目的。

传统的捕鼠工具既费力又没有明显效果，新型电子驱鼠器的出现解决了这个令人头疼的问题。电子驱鼠器由外壳及壳内的产生低频锯齿波电压的控制波发生器，产生高频振荡的扫描波发生器和把电信号转换成声信号的电声换能器组成。

电子猫是目前比较先进的驱鼠器。它能够产生 20—55 千赫兹的超声波，能够有效刺激并导致鼠类感觉到威胁及不安。这种技术来自于欧美先进的害虫防治观念，使用目的是为了创造一个无鼠、无害虫的优质空间，创造害虫、老鼠等无法生存的环境，迫使他们自动迁移，无法在防治区范围内繁殖生长，达到根除老鼠、害虫的目的。

电子猫产生的电磁波只有几千赫兹的频率，超声波和红外线的频率也超出了人的听觉范围，由于电波的功率极小，所以对人体绝对无害。

使用电子猫时，把电子猫插入需要驱鼠环境的插座中，通电后 3 天开始见效。当需要赶老鼠时，可启动开关，这时会发出刺耳的高频超声波和电磁波，特别指明的是电磁波不但会向周围空间辐射，也会通过电线传输，在电线周围产生骚扰老鼠的电磁波，慢慢地老鼠会因不能承受而逃离现场。

在设计电子猫时，避免了对人体有伤害的频率，并且减小了辐射功率，所以对人体和家用电器无伤害。像老鼠、蝙蝠这类动物都是以超声波进行沟通的，因为鼠类的听觉系统非常发达，对超声波非常敏感，能在黑暗中判断声音的来源，幼鼠在受到威胁时可发出 30—50 千赫兹的超声波，在没睁眼时就能靠发出的超声波和回音回巢，成年鼠在遇到危机时可发出一种超声波呼救，在交配时也可发出超声波，可以说超声波是鼠的语言。鼠类的听觉系统是在 200 赫兹—90 千赫兹，如果能利用一种强大的高功率超声波脉冲对鼠类听觉系统进行有效的干扰和刺激，使其无法忍受，并感到恐慌及不安，表现出食欲不振、抽搐等症状，从而能达到将该鼠类驱除出人类活动范围的目的。

人耳的听觉范围约是 16 赫兹—20 千赫兹，超声波电子猫输出的频率一般都在 20 千赫兹以上，对于 20 千赫兹以上频段的频率是人的听觉系统无法产生响应的，所以我们的耳朵根本听不到，而且超声波电子猫的功率都未能达到穿透对人体的能力，所以对人体没有影响。对猫、狗等宠物来说，只要不将电子猫或驱虫器的输出频率设置在猫、狗的听觉敏感区域便不会造成任何影响。

 知识链接 >>>

声波是一种机械波，人耳能听到的声波叫可闻声波，频率在 20 赫兹～20 千赫兹，人耳听不到的低于 20 赫兹的声波叫次声波，地震前就有次生波，这是一些动物能觉察地震的原因。频率高于 20 千赫兹的叫超声波，生活中到处都存在超声波，像汽车发动时或玻璃打碎时都会产生超声波，但它没有热效应，对人体没有危害。

电子测速眼

电子眼就是电子测速系统，是通过雷达系统探测车辆速度并以数码相机拍摄超速车辆，被广泛作为交通违法行政处罚的依据。

1997年电子眼在深圳研制成功后开始逐步推广使用，通过对车辆检测、光电成像、自动控制、网络通信、计算机等多种技术，对机动车闯红灯、逆行、超速、越线行驶、违例停靠等违章行为，实现全天候监视，捕捉车辆违章图文信息，并根据违章信息进行事后处理，是一种新的交通管理模式。

作为一种交通执法设备，其地位和作用应当是一种交通行政执法的监督设备，更是交通违法行为行政处罚的取证设备。交警以其形成的电子影像资料为依据，对"电子眼"发现的交通违法行为进行处罚。而电子眼的存在往往不为交通驾驶人所知悉，除了隐蔽地固定安装于路口，还设立可移动"电子眼"在需要监控的路段。

电子眼采用感应线来感应路面上的汽车所传来的压力，通过传感器将

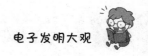

信号采集到中央处理器，送寄存器暂存（该数据在一个红灯周期内有效）。

在同一个时间间隔内（红灯周期内），如果同时产生两个脉冲信号，即视为"有效"，简单地说，就是如果当时红灯，车前轮过线了，而车后轮没出线，则只产生了一个脉冲，在没有连续的两个脉冲时，不拍照。

电子眼抓拍有两种方式：一种是地下埋设感应线圈，横杆上架设数码相机，用于对闯红灯的车辆进行抓拍；另一种是架设摄像机，对超速、闯红灯、违章停车等情况进行实时录像。无论哪种方式，都会对违章车辆拍摄至少三张图片，一张是瞬间违章图片，一张是号牌识别图片，一张是全景图片。不论哪种方式，都是 24 小时开机拍摄，图片保留时间一般是一周。

交通指挥中心收到图片，会将车牌号信息与车管所信息相比对，从而调出车辆的综合信息，如车主、车型、颜色等，然后由信息处理人员录入公安交通管理局网站，以使违章车主能够进行查询。当然，不是所有违章的车辆都能够被拍下来，只有车牌图片清晰的情况下，信息录入人员才能将违章车辆输入数据库进行处理。

一个摄像机通常只拍一个车道，少数可拍两个车道，一般都是设在从左向右数的第一和第二条车道上。数码相机的拍摄范围较宽，所以在城区内大多数都能够拍到同向所有的车道。

电子眼的从有到无，很大地改善了道路交通秩序，减少了恶性交通肇事事故的发生。从根本上说，电子眼的发明与应用是对人生安全和社会稳定的有力保障和促进，我们希望有更为先进的电子眼系统被后继科学家开发出来，以便更好地造福于人类。

知识链接 >>>

美国加州大学的科研人员发现，人眼大约拥有 10—12 个输出"频道"，每个"频道"将信息输向大脑，然后形成图像。人的视网膜会呈现出一组组图像，这些图像的形成是视网膜间一层层细胞相

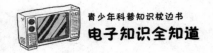
互通信交流的结果。他们已发明一种名为"细胞神经网络"的电脑微型集成电路，可以用来进行类似视网膜功能的图像处理。科研人员还从生物学角度着手改善电脑微型集成电路，发明仿生电子眼帮助视障人士增加视力。

现代电鸣乐器

现代电鸣乐器是利用电子线路产生类似各种乐器音乐的设备。它一般用拾音器或声频振荡器产生声频信号，再经电子线路将其放大，然后送至扬声器发出声音。电鸣乐器是当今年轻人较喜爱的一种娱乐工具。

我们平时见到的电吉他、电贝斯、电钢琴、电子琴、电架子鼓、电小提琴、电大提琴、电黑管、电手风琴、电钟琴等乐器，都属于电鸣乐器，可以模仿各种乐器发出的声音。模仿出来的声音，与乐器音色非常相似。

常见的电鸣乐器按其功能可分为如下四类：

（1）电扩音乐器，简称电声乐器。这类电声乐器的基本工作原理是，先用某种换能装置把传统乐器的声音振动变换为与之相应的电能，再送入电子放大器放大，并作适当的音色滤波处理，最后用扩大了并修饰了的音响放出。电吉他是这类电声乐器的典型代表。常见的电吉他是将一个条状电磁拾音器安放在琴弦下面靠近乐器音窗的某个部位，当拨动钢质

琴弦时，由于振动的琴弦改变了穿过线圈的磁力线数量，就在线圈中产生了与琴弦振动相应的感应电压。此电压经滤波并放大后，即产生新的音色效果。为了扩大音色的可变范围，一些电吉他沿弦长部位安置两三个拾音器，以捡拾不同的谐波振动成分。随后用电位器调整各拾音器的输出量，就可合成范围较大的音色变化形式。

工程师 G. 鲍利发明了一种不用钢丝弦，而用光学纤维作弦的电吉他。吉他上端装有一只发光二极管，光通过光学纤维弦。当拨动弦时，一部分光就会被散射离开琴弦。每根弦的振动波长决定了光散失的程度；剩下的光沿纤维弦传到吉他体内一个光检测器上，再变换成电流送入放大器发音。据称，这种吉他不受周围交流磁场的干扰，因此不会产生交流声，音质更纯。

电小提琴、电大提琴、电钢琴、电风琴、电柳琴、电琵琶、电阮等，也属于电扩音乐器。

（2）纯电子乐器，通称电子乐器。这是品种形式最多、流传最广的一类电子乐器，其中最主要、最普遍的是各式各样的电子风琴，其主要特性均源于模拟传统管风琴的种种功能。其他如电子钢琴、弦控式电子乐器、吹奏式电子乐器等，都属于这一类。其基本原理是将电子音源产生的波形经频谱合成及滤波电路形成多种不同的音色，再经音型电路形成吹、拉、弹、拨的演奏效果，送至放大器输出。复杂一些的电子乐器加有自动伴奏器和人工残响等功能，使一个人的演奏犹如一个小乐队的效果。由于电子乐器的音源不是取自弦、簧、管、膜等机械体的振动，而是直接用电子方法产生，因此有着任意而宽广的音域、音准和频率，稳定度可达到很高标准，音色可以用各种电子方法合成，在同一乐器上可形成多种音色。

（3）电子转奏器亦称半电子乐器。这是一种能将任何乐器甚至人声转变为各种电子乐器音色的乐器。称它为"半电子乐器"，是因为它的音源并非直接来自电子音源，而是来自传统乐器本身，但通过声电换能器将其变为相应频率的电振动，此后的音色变换方法，则和一般电子乐器采用的方法十分相似。电子转奏器的最大优点是演奏者不必改变传统的演奏手法，就能得到比电扩音乐器更多种完全不同于传统乐器音色的效果。

（4）电子音响合成器是一种音响的"调色盘"。它使用较少的几种基本"声源"电路，由操作者对这些电路做不同的组合联结和调整，就可以得到非常多样的音色：可以是音乐性的，随后供操作者以键盘演奏乐曲；或是效果性的，用以模仿各种自然音响，如雷电、风雨、海浪、爆炸、动物叫声、机械轰鸣等，也包括自然界从没有过的奇特声效。

使用一般电子音响合成器时，由于要经过合成手续，故演奏操作速度一般低于普通电子乐器，因此它更适于在电影、电视、广播等方面的音乐和效果录音中使用。

最早的电乐器可以追溯到约1904年，美国科学家T.卡希尔通过旋转着的铁质齿轮，对线圈进行电磁感应后产生了音源，随后以电合成方式形成多种音色。

1920年，苏联无线电工程师Λ.C.捷尔缅发明了差频式电子乐器，用两个电子管高频振荡器产生的差拍音作为音源。这种电子乐器没有琴键，演奏者以两手分别离开或靠近乐器某些部位，就能改变音高和音量。1928年，法国作曲家兼电气工程师M.马特诺发明了用电子管产生音频，用键盘控制音高的电子乐器。从1927年至1936年期间，相继产生了许多种电乐器。但由于当时科学技术水平的限制，除电吉他、电钢琴等一类电扩音乐器外，电子乐器没有达到完美的地步。20世纪40年代末到50年代初，电子乐器由于使用了晶体管及借鉴电子计算技术的某些原理，使其在自动伴奏等辅助功能上有了不少创新。随后音乐电子转奏器及电子音响合成器也相继问世。

60年代以后，家用电子乐器也都具有了自动打击乐节奏、自动和声、分解和弦伴奏以及人工残响等功能。

70年代末，大规模集成电路的出现，使电子乐器更加小型化和多功能化。1978年后，中国也相继出现电子钢琴、弦控式电子乐器、电子风琴、音乐电子转奏器及电子音响合成器等乐器的研制和生产。

知识链接 >>>

　　电鸣乐器的发展与电子的发展是密不可分的。以电吉他为主的电鸣乐器获得越来越多人的喜爱。而这也是时代的要求。音乐的穿透力在很大程度上取决于奏响它的乐器，不同的乐器就好比不同的音色，它们促进了音乐的发展与多元化，也给了人类更多的心灵感悟，从而创造出更为精彩的音乐篇章。

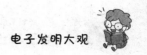

实用的验钞机

验钞机主要是用来对现金计数、鉴伪、清分的，广泛应用在各种金融行业和有现金流的各种企事业单位。验钞机最早出现在 20 世纪 80 年代的温州，伴随着假钞的出现而产生，是市场和民间打击假钞的产物。

随着印刷技术、复印技术和电子扫描技术的发展，伪钞制造水平越来越高，验钞机已成为我们生活中和工作中不可缺少的设备。

验钞机主要由滑钞板、送钞舌、阻力橡皮、落钞板、调节螺丝、捻钞胶圈组成。其核心部位是捻钞胶圈。捻钞胶圈可以使钞票分开，实现分张。

根据验钞机的性能，可分为五种类型：

1. 便携式掌上验钞机

便携式掌上激光验钞机外形小巧、美观大方，在检验功能上以激光技术为主，红外线和荧光检验为辅。

2. 便携台式验钞机

便携台式激光验钞机一般体积都比较大，跟静态的台式验钞机差不多，

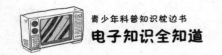

其不同的是，产品可以用干电池或只用干电池作为仪器电源，方便携带。在功能上和台式静态激光验钞机差不多。

3. 台式静态验钞机

台式静态验钞机是一种体积等于或稍大于便携式激光验钞机的常用验钞仪器，其功能一般以磁性检验、荧光检验、光普检验、激光检验等为主，在功能表达上则多种多样，这直接跟厂家对验钞机技术的了解和其对产品成本的计划有关。特别是有的厂家为了抢占市场或是以期牟取暴利，因而将产品的功能减之又减，或是以最简的电路和工艺把产品加工出来直接销往市场，导致了验钞机市场的泛滥，影响了整个验钞机市场的稳定，给消费者带来了不少的麻烦和损失。

4. 台式动态型验钞机

台式动态型激光验钞机是一种电动式非点钞工作方式的激光验钞机具，在功能上不一定设置计数功能。它是台式静态型验钞机的一种变身，但由于涉及电动机构，其电路和机芯的设计都比较复杂。台式动态型激光验钞机具有自动进钞、自动退假、真假钞票自动分置的功能。在检验功能上采用激光检验、磁性检验、光普检验、荧光检验、红外线检验和雕刻图像特性检验等检验功能，可以很准确地检验出各种假币，可以说是逼真假币和拼凑型假币的真正克星。

5. 激光验钞机

激光验钞机是在点钞机的前代产品上加上激光检验功能而实现的，是目前最先进的验钞机。

由于验钞机只能作为钞票鉴别的辅助工具，因此，在对钞票进行鉴别时，除了运用验钞机检验各种一般条件下无法观察的防伪标记和纸质特点外，还要依赖人对钞票的仔细观察来确定钞票的真伪。

验钞机虽然种类有很多，但都具有基本的鉴伪功能。

（1）磁性鉴伪：检测纸币磁性油墨分布，同时还检测第五套人民币安全线。

（2）荧光鉴伪：用紫外线检查纸币质量，配上光电传感器进行监控，只要有细微纸质变化，就能鉴伪。

（3）穿透鉴伪：根据人民币特征，配上穿透鉴伪模式，增加识别各种伪币的能力。

（4）红外鉴伪：采用先进的模糊识别技术，根据纸币的红外特征，能有效识别各种伪币。

（5）多光谱鉴伪：以不同波长的 LED 颗粒排列成矩阵而成的多光谱光源、透镜阵列、图像传感器单元阵列、控制和信号放大电路以及输入输出接口；多光谱光源和透镜阵列形成光路系统，用于发射光线并将人民币上的反射光聚焦到图像传感器单元阵列上，运用多光谱图像传感器图像分析功能，对钞票进行真伪鉴别。

（6）数字量化定性分析检测鉴伪：使用高速并行 AD 转换电路，高保真采集信号，对紫外光量化分析，可检测有微弱荧光反应的伪钞；对人民币的磁性油墨进行定量分析；对红外油墨进行定点分析；运用模糊数学理论，将一些边界不清、不容易定量的因素定量化，并建立了安全性能评估的多级评估模型，对钞票进行真伪鉴别。

验钞机作为最有效的鉴别真伪钞的工具，经历了三个不同的阶段：

第一个阶段，是从 20 世纪 80 年代到 90 年代中期，这一阶段的验钞机主要是小作坊式生产，主要分布在浙江温州和上海一带。这个时期的验钞机的特点是机械功能大于电子功能，可以简单计数，鉴伪能力有限，主要利用机械原理对钞票计数，生产规模较小。

第二个阶段，是从 20 世纪 90 年代中期到 21 世纪初。验钞机在这个阶段得到了大规模的生产，出现了一大批专门生产验钞机的大型企业，也出现了专门从事研究验钞机的机构和部门。在这个阶段的龙头企业开始注重钞票的鉴伪和清分，为 ATM 终端机器服务。这个时期的验钞机造型变小，机器更加稳定，开始了有意识的品牌销售。

第三个阶段，21 世纪初到现在。验钞机进入了数字、电子和机械相结合的时代。

毫无疑问，验钞机的发明给人们吃了一颗定心丸。从根本上说，在假

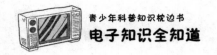

货币流通的市场，它是促进诚信的有力推手。如果说人是有欲望的感情动物，更多时候将理性踩在脚底，那么，验钞机则是十足的理性机器，它像一位有生命的执法者，告诉你，也告诉所有人：这是假的，这是行不通的。它将错误拒之门外，让你感觉走进了非黑即白的二元世界，让主宰世界的市场走向理性，造福于人类。

知识链接 >>>

　　人民币的单位为元，辅币单位为角、分。中华人民共和国自发行人民币以来，历时 70 多年，随着经济建设的发展以及人民生活的需要而逐步完善和提高，至今已发行五套人民币，形成纸币与金属币、普通纪念币与贵金属纪念币等多品种、多系列的货币体系。除 1、2、5 分三种硬币外，第一套、第二套和第三套人民币已经退出流通，第四套人民币于 2018 年 5 月 1 日起退出流通（1 角、5 角纸币和 5 角、1 元硬币除外）。目前流通的人民币，是 1999 年发行的第五套人民币。中国人民银行认为，在中国当前经济新常态下，探索央行发行数字货币具有积极的现实意义和深远的历史意义，将争取早日推出央行发行的数字货币。

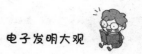

神奇的电笔

试电笔也叫测电笔，是一种电工工具，主要用来测试电线中是否带电。试电笔的笔体中装有一个氖泡，测试时如果氖泡发光，说明导线有电，或者为通路的火线。

试电笔由笔尖金属体、电阻、氖管、笔身、小窗、弹簧和笔尾的金属体组成。当试电笔测试带电体时，

只要带电体、电笔、人体和大地构成通路，并且带电体与大地之间的电位差超过一定数值（例如 60 伏），试电笔之中的氖管就会发光（其电位不论是交流还是直流）。这就告诉我们，被测物体带电，并且超过了一定的电压强度。

试电笔测试电压的范围通常在 60—500 伏之间。使用试电笔时，人手接触电笔的部位一定是试电笔顶端的金属位置，也就是金属体笔尾，而绝对不是试电笔前端的金属探头。使用试电笔要使氖管小窗背光，以便看清它测出带电体带电时发出的红光。笔握好以后，一般用大拇指和食指触摸顶端金属，用笔尖去接触测试点，并同时观察氖管是否发光。如果试电笔氖管不亮或微亮，切不可就断定带电体不带电或电压不够高，也许是试电笔或带电体测试点有污垢，也可能测试的是带电体的地线，这时必须擦干净测电笔或者重新选测试点。反复测试后，氖管仍然不亮或者微亮，才能

最后确定测试体确实不带电。

试电笔的使用方法极为重要，握试电笔也有一定的规则。用错误的握笔方法去测试带电体，会造成触电事故，因此必须特别留心。

测火线时，照明电路、火线与地之间有电压 220 伏左右，人体电阻一般很小，通常只有几百到几千欧姆，而试电笔内部的电阻通常有几兆欧姆左右，通过试电笔的电流（也就是通过人体的电流）很小，通常不到 1 毫安，这么小的电流通过人体时，对人没有伤害，而通过试电笔的氖泡时，氖泡会发光。测零线时，电压为 0，也就是没有电流通过测电笔的氖泡，氖泡当然不发光。这样我们可以根据氖泡是否发光，来判断是火线还是零线。

试电笔分为许多种，用途也不相同。

高压试电笔：用于 10 千伏及以上项目作业时用，为电工的日常检测用具。

低压试电笔：用于线电压 380 伏及以下项目的带电体检测。

接触式试电笔：通过接触带电体，获得电信号的检测工具，形状有一字螺丝刀式、兼试电笔和一字螺丝刀功能。

感应式试电笔：采用感应式测试，无需物理接触，可检查控制线、导体和插座上的电压或沿导线检查断路位置，可以极大限度地保障检测人员的人身安全。

数显试电笔：试电笔的一种，属于电工电子类工具，用来测试电线中是否带电。数显试电笔笔体带 LED 显示屏，可以直观读取测试电压数字。

知识链接 >>>

巧用验电笔，使用得法，用途很多：

区别火线与零线：在交流电源里，电笔触及导线时，发亮的是火线，不亮的是零线；区别交流与直流：交流电通过电笔时，氖泡里两个电极同时发亮，只有一个电极发亮的是直流电；判断正、负极：把电笔连接在直流电正负极之间，发亮的一端为负极，不发亮的为

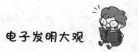

正极（注意，如直流电两端无一极接地时，则应以右手握电笔，触该电路一极，而以左手接触另一极，否则不会发亮）；检查设备漏电：当电笔触及电器外壳体，氖泡发亮，即为有漏电；判断三相负载是否平衡：三相交流电中性点位移，电笔触及中线时会发亮，说明负载不平衡；粗估电压：电笔氖泡内光亮发白较长者，电压高，若笔内氖泡光暗红而短小，电压低；电灯线路零线是否断线：合上开关，电灯不亮，此时用电笔触及灯座两个接线端，若均发亮，而灯泡没坏，说明零线断了；判断接触是否良好：若氖泡发光闪烁，可能某线头松动，接触不良或电压不稳。

日常生活里的电池

电池的历史可以追溯到两千多年前的古伊拉克时代。在伊拉克首都巴格达，考古者发现了一种素烧的陶壶，一种使用铜和铁的电池。这被认为是至今发现的最早的电池证据。

而现代真正作为化学能的储藏体，根据人们的需要可控制地放出电能的装置，首先由亚历山德罗·伏特发明，当时称为伏打电堆（Volta Pile）。

化学电池、电化电池、电化学电池或电化学池，是指通过氧化还原反应，把正极、负极活性物质的化学能转化为电能的一类装置。与普通氧化还原反应不同的是，氧化和还原反应是分开进行的，氧化在负极，还原在正极，而电子得失是通过外部线路进行的，所以形成了电流。这是所有电池的本质特点。经过长期的研究、发展，化学电池迎来了品种繁多、应用广泛的局面。大到一座建筑方能容纳得下的巨大装置，小到以毫米计的类型。现代电子技术的发展，对化学电池提出了很高的要求。每一次化学电池技术的突破，都带来了电子设备革命性的发展。世界上很多电化学科学家，都把兴趣集中在作为电动汽车动力的化学电池领域。

日常生活中的电池包括一次性电池和可充电电池。

一次性电池（Primary Battery）俗称"用完即弃"电池，因为电量耗尽后，无法再充电使用，只能丢弃。常见的一次性电池包括：

锌锰电池：电压约 1.5 伏，电池容量较低，能输出的电能也较低，几乎被碱锰电池所取代，唯独不会在长期存放后漏出有害腐蚀液体，所以仍被应用于低用电量且需长期使用的装置，例如钟、红外线遥控等。

碱锰电池：电压约 1.5 伏，电池容量及输出的电能较锌锰电池高，但不及镍氢电池，长期存放后会漏出有害腐蚀液体。

锂电池：电压约 3 伏，电池容量及输出的电能极高，可以存放十年仍有相当电力，但价钱较贵。

其他一次性电池包括锌电池、锌空电池、锌汞电池、水银电池、氢氧电池和镁锰电池。

可充电电池又称二次电池（Secondary battery）、蓄电池。其优点是在充电后可多次循环使用，可全充放电 200 ～ 1500 次，充电电池的负荷力要比大部分一次性电池高。常见的类型有：

铅酸电池：电压约 2 伏，容量低但可输出较大的功率、电量，常用于汽车中作启动引擎用，或用于不断电系统（UPS）、无线电机、通信机。

镍镉电池：电压约 1.2 伏，有较强烈的记忆效应，而且容量较低，含有毒物质，对环境有害，现已被淘汰。

镍氢电池：电压约 1.2 伏，有极轻微的记忆效应，容量较镍镉电池大（也比碱性电池大）。旧镍氢电池有较大的自放电，新的镍氢电池自放电低至与碱性电池相约，而且可在低温下使用（-20℃），充电装置、电压与镍镉电池相同，已取代了镍镉电池，同时也可取代绝大部分碱性电池的用途。

锂离子电池：电压约 3.6—3.7 伏，容量较高、重量较轻，但价钱也较贵，常用于移动电话及数码相机。

所谓电池容量是指电池所能储存的电荷量，电荷的符号为 Q，单位为库伦，用符号"C"表示，决定电池容量的因素有：电池的种类（也即制造电池的物质）、电池的体积、电池的温度、放电速率，所以同一枚电池在不同环境下会有不同容量。

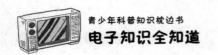
知识链接 >>>

电池从最初的碳素电池走到现在的蓄电池，可谓进步显著，然而，只要我们细想便会发现，当下，电池被更多地用于通信、影音一类的电子产品上，而我们听到的更多关于电池的呼声就是，提高电池的续航能力。通信设备制造商正在努力，因为我们都在向往更薄更轻，这与电池的蓄电量是背道而驰的。

实用的电子地图

电子地图可以非常方便地对普通地图的内容进行任意形式的要素组合、拼接，形成新的地图。电子地图可以用数字方式存储和查阅，这是传统地图所做不到的。

人们通常所看到的地图是以纸张、布或其他可见真实大小的物体为载体的，地图内容是绘制或印制在这些载体上的。而电子地图是存储在计算机的硬盘、软盘、光盘等介质上的，地图内容是通过数字来表示的，需要通过专用的计算机软件对这些数字进

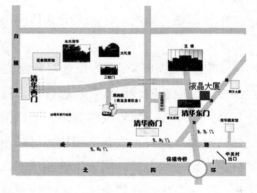

行显示、读取、检索、分析。电子地图上可以表示的信息量远远大于普通地图，如公路在普通地图上用线来表示位置，线的形状、宽度、颜色等不同符号表示公路的等级及其他信息。在电子地图上，是通过一串 X、Y 坐标表示位置，通过线划的属性表示公路的等级及其他信息，比如"1"表示高速公路、"2"表示国道等。电子地图上的线划属性可以有很多，比如公路等级、名称、路面材料、起止点名称、路宽、长度、交通流量等信息，都可以作为一条道路的属性记录下来，能够比较全面地描述道路的情况，这些是普通地图用简单的符号不可能表示出来的。

除此之外，电子地图与普通地图还有很多不同：

电子地图以计算机屏幕和投影大屏幕为媒介，而传统地图一般以纸张作为信息的载体。

电子地图的制作、管理、阅读和使用能实现一体化，对不准确的地方能够方便实时修改。而传统纸质地图的生产、管理和使用都是分开的。

电子地图显示地图内容的详略程度是可以随时调控的，而传统纸质地图的内容是固定不变的。

电子地图能把图形、图像、声音和文字合成在一起，而纸质地图则做不到。

电子地图的使用要依赖专门的设备，而纸质地图的使用则不需要。

由于计算机屏幕尺寸和屏幕分辨率的限制，电子地图整幅地图显示的效果会受到影响，以分块分层显示为主。而传统纸质地图以图幅为单位整页出版印刷，幅面大，读图的整体印象深刻，地理要素相互之间的关系更清楚。

电子地图可以非常方便地对普通地图的内容进行任意形式的要素组合、拼接，形成新的地图；可以进行任意比例尺、任意范围的绘图输出；非常容易进行修改，缩短成图时间；可以很方便地与卫星影像、航空照片等其他信息源结合，生成新的图种；可以利用数字地图记录的信息，派生新的数据，如地图上等高线表示地貌形态，但非专业人员很难看懂，利用电子地图的等高线和高程点可以生成数字高程模型，将地表起伏以数字形式表现出来，可以直观立体地表现地貌形态。这些是普通地图不可能达到的表现效果。

电子地图种类很多，如地形图、栅格地形图、遥感影像图、高程模型图、各种专题图，等等。

电子地图可以进行无级缩放，而且不模糊。分层信息主要包含行政界线、居民地、水系、高速公路、高速出入口、高速服务区、国道、县乡道、旅游景点等。此外，还包含主要旅游景点及相关的图片信息。用户可根据需要添加、删除、管理图层，可以设计图层的线型、颜色、填充类型、符

号类型、字体类型、字体大小等。支持电子标注功能，方便用户在某一层上添加、修改、删除、设计自己的内容，并可以对添加的内容设置超级链接，链接内容可以是网页、图片、文件等。

知识链接 >>>

　　由于移动通信设备的发展，网络电子地图的应用越来越广泛。通过网络电子地图，人们可以以最短的时间或路程到达目的地；网络电子地图满足了数字时代人们对位置定位服务的需求，随时随地通过 PC 或者手机进行信息查询和路线指引，还可以共享给其他人；人们可以通过网络电子地图查询公交、出租等交通运营车辆的信息等，极大地方便了人们的生活。

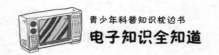
电子商务

电子商务是在开放的网络环境下，实现消费者的网上购物、商户之间的网上交易和在线电子支付的一种新型的商业运营模式。

广义的电子商务是指利用电子技术对整个商业活动实现电子化，如市场分析、客户管理、资源调配、企业决策等。狭义上称作电子交易，主要是指在电子商务网站上进行交易活动。电子商务可以分为三个方面：信息服务、交易和支付。主要内  容包括：电子商情广告；电子选购和交易凭证的交换；电子支付与结算以及售后的网上服务等。参与电子商务的实体有四类：顾客（个人消费者或企业集团）、商户（包括销售商、制造商、储运商）、银行（包括发卡行、收单行）及认证中心。主要交易类型有企业与个人的交易和企业之间的交易两种。

电子商务最基本的特性为商务性，企业通过记录每次访问、销售、购买形式和购货动态这些数据，来分析市场、扩展市场。在电子商务环境中，客户不再像以往那样受地域的限制，也不再仅仅将目光集中在最低价格上。

电子商务提供的客户服务十分方便，客户和企业都能够受益。

电子商务还具有集成性，它能规范事务处理的工作流程，将人工操作和电子信息处理集成一个整体，提高了系统运行的严密性。

电子商务正常运作，必须有可扩展的系统，具备及时扩展功能，就可使系统阻塞的可能性大为下降。电子商务中，如果耗时一分钟，就可能导致大量客户流失。

在电子商务中，安全性是必须考虑的核心问题。窃听、病毒和非法入侵都会影响正常电子商务活动，因此要求网络能提供一种端到端的安全解决方案，包括加密机制、签名机制、防火墙等。

电子商务活动没有时间和空间的限制，网上的商品和资金也在不停地流动，交易和买卖的双方也不停地变更，正是这种物质、资金和信息的高速流动，赋予了电子商务强大的生命力。

电子商务具有广告宣传、咨询洽谈、网上订购、网上支付、电子账户、服务传递、意见征询、交易管理等功能。

电子商务模式与传统商务模式相比：一方面以电子流代替了实物流，可以大量减少和降低成本；另一方面突破了时间和空间的限制，使得交易活动可以在任何时间、任何地点进行，大大节省了时间，提高了效率。电子商务所具有的开放性和全球性的特点，为企业创造了更多的贸易机会，使得中小企业拥有和大企业一样的信息资源，提高了中小企业的竞争能力。最重要的，电子商务重新定义了流通模式，减少了中间环节，使得生产者和消费者的直接交易成为可能。

目前，电子商务已经深深地影响了我们的生活，但这种商务模式仍有不足之处，如过度专注特定的付款方式、忽略个别商品的特殊价值、缺乏对货物的保证、缺乏个人化的商业关系、缺乏良好的货物配送系统、推销网站的方式不恰当等。

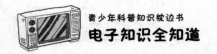
知识链接 >>>

电子商务时代，人们可以进入网上商场浏览、采购各类产品，而且还能得到在线服务，商家们可以在网上与客户联系，利用网络进行货款结算服务。电子商务可能会使传统的制造业进入小批量、多品种的时代，并使理想中的零库存成为可能。

电子货币的使用

20世纪以来，电子商务在世界范围内悄然兴起，作为其支付工具的电子货币也随之产生和发展。电子货币的产生，被称为是继中世纪法币对铸币取代以来，货币形式发生的第二次标志性变革，并在电子商务活动中占有极其重要的地位，它的应用与发展不仅会影响到电子商务的进行，而且会影响到全球的金融体系。

目前，对于电子货币的定义尚无定论，而且世界各国推行的有关电子货币的试验项目也各不相同。一般认为，电子货币是采用电子技术和通讯手段在信用卡市场上流通的以法定货币单位反映商品价值的信用货币。也就是说，电子货币是一种以电子脉冲代替纸张进行资金传输和储存的信用货币。它们的本质在于消费者或者企业能够以在线方式提供信息来转换为货币或者进行资金的转移。

电子货币是在传统货币基础上发展起来的，与传统货币在本质、职能及作用等方面存在着许多共同之处。如电子货币与传统货币的本质都是固定充当一般等价物的特殊商品，这种特殊商品体现在一定的社会生产关系中。二者同时具有价值尺度、流通手段、支付手段、储藏手段和世界货币

五种职能。它们对商品价值都有反映作用，对商品交换都有媒介作用，对商品流通都有调节作用。

电子货币与传统货币相比，二者的产生背景不同，如社会背景、经济条件和科技水平等；表现形式不同，电子货币是用电子脉冲代替纸张传输和显示资金的，通过微机处理和存储，没有传统货币的大小、重量和印记；电子货币只能在转账领域内流通，且流通速度远远快于传统货币的流通速度；传统货币可以在任何地区流通使用，而电子货币只能在特定市场上流通使用；传统货币是国家发行并强制流通的，而电子货币是由银行发行的，其使用只能宣传引导，不能强迫命令，并且在使用中要借助法定货币去反映和实现商品的价值，结清商品生产者之间的债权和债务关系；电子货币对社会的影响范围更广、程度更深。

电子货币的出现，彻底改变了银行传统的手工记账、手工算账、邮寄凭证等操作方式，同时，电子货币的广泛使用给人们提供了全方位的金融服务，包括网上消费、家庭银行、个人理财、网上投资交易、网上保险等。这些金融服务的特点是通过电子货币进行及时电子支付与结算。随着互联网以及相关技术的不断完善，电子货币的种类和形式又有了进一步的发展。

电子货币最大的问题是安全问题。电子货币与纸币一样都是没有价值的，而且多数情况下连纸币所具有的实物形式也没有，一切都是凭着计算机里的记录。那么，一旦相关系统由于本身故障或遭人恶意破坏而造成数据错误，后果将是很严重的。

电子商务是国际贸易中越来越重要的经营模式，已经成为经济生活中一个重要部分。可以想象，如果没有安全保证，电子商务就不可能健康有序地发展。在电子商务网站上影响交易最大的阻力可能就是交易安全，使用者担心在网络上传输的信用卡及个人资料信息被截取，或是不幸遇到"黑客"，信用卡资料被不正当运用。另一方面特约商店也担心收到的是被盗用的信用卡号码，或是交易不认账等。

目前对电子支付系统的分类方法有多种，在这里，把电子货币系统分为：电子支票系统、信用卡系统、电子现金系统。

（1）电子支票系统：电子支票系统通过自动化银行系统剔除纸面支票，进行资金传输，例如通过银行专用网络系统进行一定范围内普通费用的支付；通过跨省市的电子汇兑与清算，实现全国范围的资金传输；世界各地银行之间的资金传输。电子支票方式的付款可以脱离现金和纸张而进行。

（2）信用卡系统：信用卡是目前应用最为广泛的电子货币，它要求在线连接使用。信用卡、银行卡支付是金融服务的常见方式，可在商场、饭店及其他场所中使用。银行发行最多的是信用卡，它可采用联网设备在线刷卡记账、POS 机结账、ATM 提取现金等方式进行支付。电子商务中更先进的方式是在互联网环境下通过安全电子交易协议进行网络直接支付，具体方式是用户在网上将信用卡号和密码加密发送到银行进行支付。当然支付过程中要进行用户、商家及付款要求的合法性验证。

（3）电子现金：电子现金是一种数字化形式的现金货币，其发行方式包括存储性的预付卡和纯电子系统性形式的用户号码数据文件等形式。电子现金的主要好处是可以提高效率，方便用户。

知识链接 >>>

电子货币的产生是经济和科技发展到一定程度的成果。电子货币的使用，一是可以最大限度地取代现金的发行，使得货币的发行费用降低；二是发行主体将由中央银行向其他主体转变。目前的电子货币主要有银行卡和网上电子货币两种。现在，银行卡已在人们的生活中得到了更普遍的应用。利用银行卡购物付款、提现、存款、转账，方便快捷、安全高效，而且可以获得咨询和资金融通的便利。

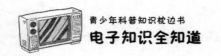
网上电子银行

网上银行业务是指银行借助个人电脑或其他智能设备，通过互联网技术或其他公用信息网，为客户提供多种金融服务的机构。网上银行业务不仅涵盖传统银行业务，而且突破了银行经营的行业界限，深入到证券、保险甚至是商业流通等领域。网上银行代表了未来银行业的方向，网上银行业务的迅速发展必将推动着银行业新的革命。

1995 年 10 月美国成立第一家网上电子银行——安全第一网络银行，从此网上银行业务在世界各国开始发展。

目前的网上电子银行业务一般为三类。

第一类是信息服务。主要是银行向客户宣传银行所提供的产品和服务，包括存贷款利率、外汇牌价查询和投资理财咨询等。这是银行通过互联网系统提供的最基本的服务。这种服务一般由银行一个独立的服务器提供。这类业务的服务器与银行内部网络无链接，风险较低。

第二类是客户交流服务。包括电子邮件、账户查询、贷款申请、档案资料（如住址、姓名等）定期更新。该类服务使银行内部网络系统与客户之间保持一定的链接，银行必须采取合适的控制手段，监测和防止黑客入侵银行内部网络系统。

第三类是交易服务。包括个人业务和公司业务两类。这是网上银行业务的主体。个人业务包括转账、汇款、代缴费用、按揭贷款、证券买卖和外汇买卖等。公司业务包括结算业务、信贷业务、国际业务和投资银行业务等。银行交易服务系统服务器与银行内部网络直接相连，无论从业务本身或是网络系统安全角度，均存在较大风险。

从我国网上银行发展历程来看，大概可以分为四个阶段。

2000年以前，银行网上服务单一，仅通过开通银行网站，提供账户查询等简单信息类服务，而且主要操作集中在单一账户上。网银更多地被作为银行的一个宣传窗口。这是网银发展的第一阶段，被称之为"银行网站"阶段。

第二阶段是"银行上网"阶段，银行致力于将传统的柜面业务迁移到网上银行，增加了转账支付、缴费、网上支付、金融产品购买等交易类功能，这个阶段的主要特征是多账户的关联操作，称为"交易型银行"。

网银发展进入第三阶段后，银行的最大转变是真正以客户为中心，因需而变。以实现个人资产和负债的正确安排和管理，实现个人财产的合理使用和以消费为特征的个人财务管理，实现财富最大化是其目标。

第四阶段是未来的发展阶段。届时，网上银行将成为银行的主渠道，传统银行将全面融入网上银行，甚至不再单独区分网上银行。我国目前还未出现完全依赖或主要依赖网络开展业务的纯虚拟银行。

如果说前10年造就了电子银行扎实的基础，那么后10年电子银行将开创新的辉煌。当银行一多半业务已经转移到电子银行业务渠道之后，电子银行的发展将考验着各家银行的智慧。当今社会经济的快速发展，电子银行已经深入地影响到生产、生活各个领域，它的全新发展方式和体验产生了巨大的影响力和吸引力。进一步推动电子银行在各个领域的深入应用，不仅是银行的意愿和责任，也成为一种电子化、信息化时代的潮流。

知识链接 >>>

　　网上银行在电子商务中有着非常重要的作用。无论是传统的交易，还是新兴的电子商务，资金的支付都是完成交易的重要环节，所不同的是，电子商务强调支付过程和支付手段的电子化。能否有效地实现支付手段的电子化和网络化是网上交易成败的关键，直接关系到电子商务的发展前景。网上银行创造的电子货币以及独具优势的网上支付功能，为电子商务中电子支付的实现提供了强有力的支持。作为电子支付和结算的最终执行者，网上银行起着连接买卖双方的纽带作用，网上银行所提供的电子支付服务是电子商务中最关键要素和最高层次。

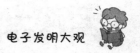

功能强大的扫描仪

扫描仪是一种计算机外部仪器设备，通过捕获图像并将之转换成计算机可以显示、编辑、存储和输出的数字化输入设备。通过对照片、文本页面、图纸、美术图画、照相底片、菲林软片，甚至纺织品、标牌面板、印制板样品等三维对象的扫描，将原始的线条、图形、文字、照片、平面实物转换成可以编辑的文件。

扫描仪是利用光波的反射原理来工作的。自然界的每一种物体都会吸收特定的光波，而没被吸收的光波就会反射出去。扫描仪工作时发出的强光照射在稿件上，没有被吸收的光线将被反射到光学感应器上。光学感应器接收到这些信号后，将这些信号传送到模数转换器（简称 A/D 转换器），模数转换器再将其转换成计算机能读取的信号，然后通过驱动程序转换成显示器上能看到的正确图像。待扫描的稿件通常可分为：反射稿和透射稿。前者泛指一般的不透明文件，如报刊、杂志等；后者包括幻灯片或底片。如果经常需要扫描透射稿，就必须选择具有光罩功能的扫描仪。

扫描的过程相当简单，把要扫描的材料放在扫描仪的玻璃台面上，运

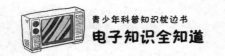

行扫描软件，并按一下"扫描"键，扫描仪就将图像扫描到图像编辑软件中，而且能以文件格式存贮。

扫描仪的扫描效果主要与分辨率有关。分辨率是扫描仪最主要的技术指标，它表示扫描仪对图像细节上的表现能力，即决定了扫描仪所记录图像的细致度，通常用每英寸长度上扫描图像所含有像素点的个数来表示。目前大多数扫描仪的分辨率在300—2400PPI之间。PPI数值越大，扫描的分辨率越高，扫描图像的品质越高，但也是有限度的。当分辨率大于某一特定值时，只会使图像文件增大而不易处理，并不能对图像质量产生显著的改善。对于丝网印刷应用而言，扫描到600PPI就已经足够了。

扫描分辨率一般有两种：光学分辨率和插值分辨率。

光学分辨率就是扫描仪的实际分辨率，它决定了图像的清晰度和锐利度的关键性能指标。

插值分辨率则是通过软件运算的方式来提高分辨率的数值，即用插值的方法将采样点周围遗失的信息填充进去，因此也被称作软件增强的分辨率。例如扫描仪的光学分辨率为300PPI，则可以通过软件插值运算法将图像提高到600PPI，插值分辨率所获得的细部资料要少些。尽管插值分辨率不如真实分辨率，但它却能大大降低扫描仪的价格，对一些特定的工作例如扫描黑白图像或放大较小的原稿时十分有用。

值得注意的是，在设定、选择扫描分辨率时，需要综合考虑扫描的图像类型和输出打印的方式。如果以高的分辨率扫描图像需更长的时间，更多的内存和磁盘空间，同时分辨率越高，扫描得到的图像就越大，因此在保持良好图像质量的前提下应尽量选择低的分辨率，使文件不至于太大。

扫描仪的扫描效果还与其他一些指标有关：扫描仪中的灰度级表示图像的亮度层次范围。级数越多扫描仪图像亮度范围越大、层次越丰富，目前多数扫描仪的灰度为256级。256级灰阶中以真实呈现出比肉眼所能辨识出来的层次还多的灰阶层次。

扫描仪中的色彩数表示彩色扫描仪所能产生颜色的范围。通常用表示每个像素点颜色的数据闰数即比特位（bit）表示。所谓比特位是计算机最小的存贮单位，以 0 或 1 来表示比特位的值，越多的比特位数可以表现越复杂的图像资讯。例如常说的真彩色图像指的是每个像素点由三个 8 比特位的彩色通道所组成，即 24 位二进制数表示，红绿蓝通道结合可以产生多种颜色的组合，色彩数越多的扫描图像越鲜艳真实。

扫描仪的扫描速度有多种表示方法，因为扫描速度与分辨率、内存容量、软盘存取速度以及显示时间、图像大小有关，通常用指定的分辨率和图像尺寸下的扫描时间来表示。

扫描仪的类型有很多种，按不同的标准，可分为不同的类型。

按扫描仪的扫描对象来划分，可分为反射式和透射式两种。反射式扫描仪只能扫描图片、照片、文字等反射式稿件，市场上很少见到。透射式扫描仪是市场上最常见的扫描仪。一些反射式扫描仪配置了透扫试配器，既可以扫反射稿，又能扫透射稿。

根据工作原理，扫描仪可分为手持式、胶片专用、滚筒式和平板式等几种。

手持式扫描仪是反射式扫描仪。它的扫描头比较窄，只适用于扫描较小的稿件，是使较小的照片原件数字化的最简单的方法。随着高性能扫描仪价格的下降，这种扫描仪已逐渐被淘汰。

胶片扫描仪是高分辨率的专业扫描仪，主要扫描幻灯片和摄影负片。虽然它的扫描区域较小，但它在光源、色彩捕捉方式等方面均有较高的性能和技术，更具有独立开发的扫描驱动软件，除了一般扫描软件的功能外，还有特别针对胶片特性的处理功能。

滚筒式扫描仪的结构特殊，它的工作原理是把原图贴放在一个有机玻璃滚筒上，让滚筒以一定的速率围绕一个光电系统旋转，探头中的亮光源发射出的光线通过细小的锥形光圈照射在原图上，一个像素一个像素地进行采样。这种扫描仪的光学分辨率高、色深高、动态范围宽，而且输出的图像普遍具有色彩还原逼真、阴影区细节丰富、放大效果优良等特点。但它的体积大，价格也很高。

平板式扫描仪主要扫描反射稿件。它的扫描区域为一块透明的平板玻

璃，将原图放在这块玻璃平板上，光源系统通过一个传动机构作水平移动，发射出的光线照射在原图上，经反射或透射后，由接收系统接收并生成模拟信号，再通过模数转换器转换成数字信号，直接传送到电脑，由电脑进行相应的处理，完成扫描过程。平板式扫描仪的扫描速度、精度、质量很好，已得到了很好的普及。

知识链接 >>>

　　扫描仪是电脑的一种输入设备，它的作用就是将图片、照片、胶片以及文稿资料等书面材料或实物的外观扫描后输入到电脑当中，并形成文件保存起来。事实上，扫描仪已成为继键盘、鼠标之后的第三件最主要的计算机输入设备。

悄然兴起的电子竞技运动

一提起竞技，就会想到体育运动。我们知道，任何一项体育运动，都需要相应的器材和场地，比如篮球运动有篮球和篮球场，田径有标枪、跳高架和跑道、沙坑，等等。

在电子竞技运动中，这一切都是依赖信息技术来实现。这是电子竞技运动有别于传统体育和其他电子游戏的不同所在。在电子竞技运动中，"电子"是方式和手段，是借助信息技术为核心的各种软硬件以及由其营造的环境来进行，这类似于传统体育运动项目中相应的器材和场地。"竞技"则指的是其体育的本质特性，即对抗、比赛。作为一个体育项目，对抗、比赛是最基本的特征，也是共同的核心。

大多数人都会将网络游戏与电子竞技运动相混淆。电子竞技运动是体育项目，网络游戏是娱乐游戏，这是它们主要的区别。

网络游戏的方式是建立一个虚拟的世界，在这个世界里的所有玩家都像是生活在一个全新的社会里，这个社会有它自己的各种"法律"，生活在这个社会里的玩家必须要遵守这些法律。网络游戏的玩家通过某些系统来

体会自己角色的成长快乐，自娱自乐。所以网络游戏是以追求感受为目的的模拟和角色扮演，相对而言并不十分重视或者需要游戏的技巧。

电子竞技则接近于传统的体育项目，对抗性和竞技性是它的特点。它有着可定量、可重复、精确比较的体育比赛特征，游戏的方式是对抗和比赛，有统一的规则和相同的技术手段。选手通过日常刻苦的、近乎枯燥的训练，提高自己与电子设备等与比赛器械相关的速度、反应和配合等综合能力和素质，依靠技巧和战术水平的发挥，争取在对抗中获得好成绩。其实，电子竞技运动是一项体育项目，只不过其器械、比赛环境等是通过信息技术来实现的。

从技术上来看，它们所依托的网络环境或载体不同。网络游戏是完全建立在国际互联网上的，离开了互联网，根本就无法存在。而电子竞技运动所依赖的是局域网环境，甚至可以是两台电脑的直接连接，互联网只是电子竞技运动用来训练或娱乐的一种手段而已。

另外，它们对软件的依赖、赢利手段和运营方式等也不同。网络游戏在很大程度上会受软件商的约束。游戏开发商负责开发游戏，而运营商负责运营，玩家按照游戏时间付费，产生赢利后由开发商和运营商按一定比例分成。而电子竞技基本上不受游戏软件的制约，游戏开发商负责开发游戏，并委托发行公司发行，玩家通过购买游戏一次性付费，便可进行电子竞技的娱乐和比赛。这样电子竞技比赛的组织者能否获得利润，与游戏的开发商与发行公司并没有直接关系。

如果把电子竞技运动列为正式体育项目，纳入体育比赛和体育产业的行列，就会更加突出体育的特性，使电子竞技运动和网络游戏分别朝着不同的方向发展。

电子竞技运动与网络游戏虽然不同，但它们本身都是信息技术的产物。中国的网络游戏起步较早，玩家群体较大，已经形成了一个非常大的市场，商业模式和产业链都已经比较成熟和清晰。但中国电子竞技运动仍然处在起步阶段，比赛模式、赛事品牌、商业模式和产业链等都在摸索之中。不管对项目还是对产业，电子竞技运动与网络游戏都应该朝着各自的方向去

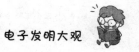

努力。事实上，庞大的网络游戏基础对电子竞技运动的开展是有好处的，而电子竞技运动的健康发展对网络游戏的发展同样有着很大的帮助。

当地时间 2017 年 10 月 28 日，在瑞士洛桑举行的国际奥委会第六届峰会上，代表们对当前电子竞技产业的快速发展进行了讨论，最终同意将其视为一项"运动"。2018 年 2 月 6 日，中国首个高校电竞体系化联盟"富联盟"成立。2022 年中国杭州第 19 届亚运会将把电子竞技纳为正式比赛项目。

电子竞技运动的发展已经受到越来越多的关注，我们相信这些运动会给我们的生活带来更多的乐趣。

知识链接 >>>

电子竞技（Cyber Game）就是电子游戏比赛达到"竞技"层面的活动。电子竞技运动就是利用电子设备作为运动器械进行的人与人之间的智力对抗运动。通过运动，参与者可以锻炼和提高自身的思维能力、反应能力、心眼四肢协调能力和意志力，培养团队精神。电子竞技也是一种职业，和棋艺等非电子游戏比赛类似。

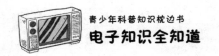
威胁环境的电子垃圾

电子垃圾，是指那些人们丢弃的，不再使用的电子设备硬件。目前没有明确技术标准来界定，笼统地说，已经废弃的或者不能再使用的电子产品都属于电子垃圾。例如：报废的电视机，淘汰的旧计算机、旧冰箱、微波炉，废弃的手机等。

这些废弃的电子产品对环境有一定的危害。数量越来越多的时候，危害会更明显。特别是电视、计算机、手机、音响等产品，含有大量的有毒有害物质。

这些有害物质包括环氧树脂、玻璃钢、多氯联苯（PCBs）、聚氯乙烯（PVC）、热固性塑料、铅、锡、铜、硅、铍、碳、铁和铝元素等。

被少量发现的元素包括镉、汞和铊元素；极微量的元素包括镅、锑、砷、钡、铋、硼、钴、铕、镓、锗、金、铟、锂、锰、镍、铌、钯、铂、铑、钌、硒、银、钽、铽、钍、钛、钒、钇等。

现在电子垃圾已成为困扰全球环境的大问题。特别是在发达国家，由于电子产品更新换代速度快，电子垃圾的产生速度更快。2010 年 2 月，联合国环境规划署发表一份报告称，全球各类电子垃圾正以每年约 4000 万吨的数量增长。其中，法国每年产生 170 万至 200 万吨电子垃圾，其中一半来自家庭，相当于平均每人每年产生约 15 公斤电子垃圾，而妥善回收处理的电子垃圾仅为平均每人每年 2 公斤。德国每年产生电子垃圾 180 万吨，整个欧洲约 600 万吨。而美国更惊人，仅淘汰的计算机很快将达到 6 亿台。

从 2002 年开始，中国进入电子产品的报废高峰期，电子垃圾的产生量也与日俱增。2010 年，中国作为全球第二大电子垃圾产生国，每年产生超过 230 万吨电子垃圾，仅次于美国的 300 万吨。

2012 年 2 月 10 日，联合国环境规划署《巴塞尔公约》秘书处在对西非 5 个国家电子垃圾问题进行为期两年的追踪调查后，在日内瓦发布最新调查报告，非洲国家所面临的电子垃圾问题正变得越来越严重。而发达国家向非洲国家倾倒电子垃圾是造成这一问题的长期原因。调查发现，2009 年加纳进口的电子电器设备中有 70% 都是旧货，其中有一半因无法继续使用而成为电子垃圾；尼日利亚 2010 年进口的电子电器旧货中，85% 来自欧洲。

废旧家用电器中主要含有六种有害物质：铅、镉、汞、六价铬、聚氯乙烯塑料、溴化阻燃剂。电视机阴极射线管、印刷电路板上的焊锡和塑料外壳等都是有毒物质。一台电视机的阴极射线管中含有 4—8 磅铅。制造一台计算机需要 700 多种化学原料，其中含有 300 多种对人类有害的化学物质。一台计算机显示器中铅含量平均达 1 公斤。铅元素可破坏人的神经、血液系统和肾脏。

计算机的电池和开关含有铬化物和水银，铬化物透过皮肤，经细胞渗透，可引发哮喘；水银则会破坏脑部神经；机箱和磁盘驱动器中的铬、汞等元素对人体细胞的 DNA 和脑组织有巨大的破坏作用。如果将这些电子垃圾随意丢弃或掩埋，大量有害物质渗入地下，造成地下水严重污染；如果进行焚烧，会释放大量有毒气体，造成空气污染。

中国的电子垃圾处理处于内忧外患的局面，不仅自身每年产生大量的电子垃圾，而且还遭遇国外电子垃圾的侵入。随着欧洲环保法令的日益严厉，中国正迅速成为发达国家电子垃圾的主要"出口国"和避风港。世界上有 80% 的电子垃圾被运往亚洲，而中国就接纳了这 80% 中的 90%。据报

道，广东的贵屿镇被视为中国民间电子垃圾最为集中的地区。

目前电子垃圾的循环利用行业正逐步兴起，也许能在一定程度上减少电子垃圾的危害。在发达国家，电子垃圾的循环利用已经得到了迅速的发展。这个产业的进展涉及了企业从能源密集型下降性循环到电子垃圾回收循环产业的转变，通过重新利用和加工达到预期的目的。电子垃圾的回收循环利用在环保、社会等方面有诸多益处。例如：降低对新产品、新的原材料的需求；减少生产所需的水和电力资源；降低包装所需的成本；使资源在社会的分配更为合理；减少对垃圾场的使用。一些视听产品，如电视机、录像带、磁带和一些手持设备、计算机组件中，含有一些可以召回的有价值但是同时又有害的成分，包括铅、铜、金等。如何更环保地从电子垃圾中回收利用以及如何有效彻底处理有毒物质，是科学家仍在研究的问题。

美国在 20 世纪 90 年代初就对废旧家电的处理制定了一些强制性的条例。当局通过干预各级政府的购买行为，确保有再生成分的产品在政府采购中占据优先地位，以此推动包括废旧家电在内的废弃物的回收利用。如新泽西州和宾夕法尼亚州，通过征收填埋和焚烧税来促进有关企业回收利用废弃物。收取填埋和焚烧税使本来最便宜的垃圾处理途径的价格上涨，从而大大增加了废旧家电回收利用的吸引力。马萨诸塞州则禁止私人向填埋场或焚烧炉扔弃计算机显示器、电视机和其他电子产品。

德国负责回收旧电器的机构都是各市区直属的市政企业，它们通过各种途径为民众进行废旧电器的回收提供方便，保障废旧电器的回收途径通畅。根据德国谁污染谁负责的原则要求，制造商对电子垃圾负有主要责任，另外进口商、消费者也负有相应的责任。

日本在 2000 年制定了《家用电器回收法》，并从 2001 年 4 月 1 日开始实施。根据这项法律，家电生产企业必须承担回收和利用废弃家电的义务。家电销售商有回收废弃家电并将其送交生产企业再利用的义务。消费者也有承担家电处理、再利用的部分义务。与其他国家处理电子垃圾的方法相比，他们在立法、技术开发和政策支持等方面值得借鉴。

法国政府于 2005 年启用全国性的电子垃圾回收办法。电子垃圾回收遵循"谁生产、谁销售、谁使用，谁就负担相关环保费用"的权利与义务对等原则。根据该法令，自 2005 年 8 月 13 日起，从计算机、电视、冰箱、洗衣机到电话、电吹风机，所有新出厂的电器都将印有小垃圾桶标志，表示其生命完结之后可以回收再利用。电子产品生产商将作为回收主力，承担其产品未来的回收及循环再利用费用。

从《中华人民共和国环境保护法》算起，中国已有包括《固体废弃物污染防治法》《清洁生产促进法》等在内的 10 部固体废物污染治理方面的法律法规。2008 年 2 月 1 日，中国实施了《电子废物污染环境防治管理办法》，规定家电的生产者将承担废旧家电回收的责任，否则最高将被处以10 万元罚款。

知识链接 >>>

电子垃圾具有潜在环境污染性和可作为再生资源回收利用的资源性。我国应根据国情，结合发达国家的经验，建立适宜的电子废弃物污染防治道路，应限制对环境造成严重污染的电子产品的生产，开发和研制符合环保要求的绿色电子产品。要鼓励发展电子废弃物回收处理产业，加强回收网络建设。积极增加科技投入，研发一批急需的无害化处理技术和再生资源加工利用技术。同时加强宣传教育，提高全民的环境保护意识，形成全社会重视、全民参与的局面，实现社会的可持续发展。

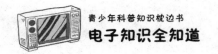
3D 立体式打印机

　　3D 打印机就是可以"打印"出真实 3D 物体的一种设备，功能上与激光成型技术一样，采用分层加工、叠加成形，即通过逐层增加材料来生成 3D 实体，与传统的去除材料加工技术完全不同。称之为"打印机"是参照了其技术原理，因为分层加工的过程与喷墨打印十分相似。随着这项技术的不断进步，我

们已经能够生产出与原型的外观、感觉和功能极为接近的 3D 模型。

　　简单来说，3D 打印是断层扫描的逆过程，断层扫描是把某个东西"切"成无数叠加的片，3D 打印就是一片一片地打印，然后叠加到一起，成为一个立体物品。

　　3D 打印思想起源于 19 世纪末的美国，并在 20 世纪 80 年代得以发展和推广。3D 打印是科技融合体模型中最新的高"维度"的体现之一。19 世纪末，美国研究出了的照相雕塑和地貌成形技术，随后产生了打印技术的 3D 打印核心制造思想。20 世纪 80 年代以前，三维打印机数量很少，大多集中在"科学怪人"和电子产品爱好者手中。主要用来打印像珠宝、玩具、工具、厨房用品之类的东西。甚至有汽车专家打印出了汽车零部件，然后根据塑料模型去订制真正市面上买到的零部件。1979 年，美国科学家获得

类似"快速成型"技术的专利，但没有被商业化。20世纪80年代3D打印机已有雏形，其学名为"快速成型"并获得了专利。到20世纪80年代后期，美国科学家发明了一种可打印出三维效果的打印机，并已将其成功推向市场，3D打印技术发展成熟并被广泛应用。普通打印机能打印一些报告等平面纸张资料。而这种最新发明的打印机，它不仅使立体物品的造价降低，且激发了人们的想象力。未来3D打印机的应用将会更加广泛。1995年，麻省理工创造了"三维打印"一词。

2010年3月，一位名叫恩里科·迪尼的意大利发明家设计出了一种神奇的3D打印机。这种打印机的原料主要是沙子。当打印机开始工作时，它的上千个喷嘴中会同时喷出沙子和一种镁基胶。这种特制的胶水会将沙子粘成像岩石一样坚硬的固体，并形成特定的形状，然后只需要按照预先设定的形状一层层喷上这种材料，最终就可以"打印"出一个完整的雕塑或者教堂建筑。

恩里科·迪尼表示，这种打印机比常规建筑方法要快4倍，而且所使用的原料也只有原来的一半或更少，更重要的是几乎不会产生任何废弃物。

3D打印机的应用对象可以是任何行业，只要这些行业需要模型和原型。以色列的Objet公司认为，3D打印机需求量较大的行业包括政府、航天和国防、高科技产业、教育业以及制造业，主要适用于产品设计、教育、机械、模具设计、医疗器械、汽车制造、建筑、超精密零件制造、逆向工程辅助、真空成型、考古等诸多领域。

现在，3D技术已经出现在人们的生活中，一些工艺品，3D打印技术的物品，如鸟屋、罗马风格的半身像和灯罩等。再过一些年，很多家庭都将拥有一台3D打印机，下载设计图，而后打印任何所需要的物品。消费者再也不用购买餐具、玩具以及其他任何无需插电或者不易腐烂的简单物品。

3D打印机未来的前景是不可估量的。在不久的将来，外科医生们或许可以在手术现场，利用打印设备打印出各种尺寸的骨骼，用于临床使用。打印出的质量更好的骨骼替代品，或将帮助外科手术医师进行骨骼损伤的

修复，甚至帮助骨质疏松症患者恢复健康。

知识链接 >>>

2016 年初，中国科学院福建物质结构研究所 3D 打印工程技术研发中心林文雄课题组在国内首次突破了可连续打印的三维物体快速成型关键技术，并开发出了一款超级快速的连续打印的数字投影 (DLP) 3D 打印机。该 3D 打印机的速度达到了创记录的 600 mm/s，可以在短短 6 分钟内，从树脂槽中"拉"出一个高度为 60 mm 的三维物体，而同样物体采用传统的立体光固化成型工艺 (SLA) 来打印则需要约 10 个小时，速度提高了足足有 100 倍！

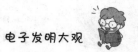

数字图书馆

数字图书馆是随着电子出版物的出现及网络通信技术的发展而逐渐出现的。它里面收藏的不是一本本印刷在纸上的图书，而是以数字形式储存着海量的文献信息，从而为

公众提供服务。数字图书馆，具有存储能力大、速度快、保存时间长、成本低、便于交流等特点。利用电子技术，在这种图书馆里，我们能很快地从浩如烟海的图书中，查找到自己所需要的信息资料。这种图书馆，保存信息量的时间要长得多，不存在霉烂、生虫等问题。利用网络，在单位、家中，都可以使用这种图书，效率也非常高。

数字图书馆是未来图书馆的一种形态，它的出现是以计算机技术、通信技术和高密度存储技术进一步的发展为条件的。

数字图书馆有如下特点：

图书馆主要收藏电子出版物，这种出版物是利用大容量数字存储技术生成的，和印刷型出版物不同，它不以纸张为载体，体积很小，价格低廉，信息存取方便。

读者只能通过计算机或终端来使用这些电子出版物，如通过显示屏幕来阅读一次文献、二次文献、三次文献和视频数据等。读者需要的文献（包括一次文献）和数据可以打印出来或存储在个人存储载体上，传统的手工借还方式已不复存在。

由于电子出版物的上述特点，每个图书馆除了自己收藏的电子出版物外，还可以通过计算机网络使用其他图书馆和信息检索服务系统的电子出版物，图书馆已由个体的概念转化为群体的概念。

从目前发展来看，与数字图书馆功能相近的电子阅览室发展迅速。中国的国家图书馆，已经建成了电子阅览室，里面有几百种光盘和几十种数据库，如"中文科技期刊数据库"等，总的数据量已达亿条。这一电子阅览室是我国电子图书馆的雏形。

电子图书馆在读者和计算机检索部门之间起中间人的作用，图书馆的服务方式更加多种多样，情报检索、参考咨询等服务将处于更加重要的地位。

目前，数字图书馆还存在很多问题。

资源浪费问题。数字图书馆概念的提出后，许多高校图书馆纷纷投身于数字图书馆的建设行列，只有短短几年时间，由于缺乏统一的规划与协调，数字图书馆标准不一，相关立法尚未制定和执行，各单位之间的利益又难以找到彼此都认同的平衡点，同时，有的单位抱着急功近利的思想而片面地追求数字化资源的量，有的单位则是忽视自身馆藏的特点和学校教学的实际情况，这就造成中国不少高校在盲目地建设数字图书馆，合作建设少、各自为政多的现象屡见不鲜，各数字图书馆的用户检索界面、检索语言和管理系统等存在较大差异，不同馆的数据库各不兼容，各系统之间难以相互联通、应用，大量的财力、人力、物力资源浪费在低水平的重复建设上。

信息版权问题。算机技术、自动化技术和网络技术的高速发展，使文献资源的格式转换，数字化作品的复制、下载、盗版等变得更加容易，数字化作品的知识产权保护问题比传统纸质文献也更为复杂和突出。根据著作权法，上载作品必须取得作品权利人同意，但是资源库容量庞大的数字图书馆要取得每一位作品权利人的授权在现实中非常困难，在数字图书馆的有关立法中再不能套用那些陈旧的、与自身建设和发展特点不符的法规。

建设资金问题。数字图书馆建设是一个庞大、系统、长期的工程，硬件设备和软件资源的购置、网络布线工程、人员培训、数字化资源的更新、馆藏文献的数字化转换等，都需要充足的经费作后盾，但经费不足偏偏又是困扰高校图书馆发展的老大难问题。重点大学及进入"211工程"的大学数字图书馆建设与开发有专项拨款，而普通高校图书馆经费来源单一，主要依靠学校拨款，图书、刊物价格大幅度上涨，以致许多馆连每年的纸质文献购置、业务培训、科研、奖励等各项基本经费都难以维持，开展数字图书馆建设更是举步维艰。

图书馆员素质问题。中国高校图书馆员队伍整体现状是专业知识和技能普遍不能适应数字图书馆发展的要求。随着数字图书馆的兴起，馆员队伍中专业人员与技术人员少、知识老化等现实问题显得更为尖锐。由于图书馆地位历来没受到足够重视，各大高校中普通馆员与教师仿佛是两个相差极大的级别而接受截然不同的待遇，致使图书情报专业、计算机专业、自动化专业等方面的人才择业时很少会将图书馆置于优先考虑的范围，这也是一直以来高校图书馆出现高素质人才难以引进，另一方面馆内人才纷纷跳槽另谋高就的重要原因。对现有馆员队伍缺乏系统的、有计划的在职学习和培训，馆员和业务水平难以出现质的提高，知识结构和观念落后陈旧，无法适应提供数学化信息资源服务的要求，这也是不容忽视的一点。

科学发展基于研究和探索，而这些探索和研究，则基于人类已有的知识财富，数字图书馆则是让人们高效取得这些人类知识财富的捷径。尽管要建设高质量的数字图书馆，还需社会和政府的广泛认同和大量人力、物力的投入，同时，一些数字化的瓶颈和技术障碍还需进一步改进和提高。进入数字时代的今天，图书数字化和未来的数字图书馆已经成为历史的发展潮流，但如何在加快建设的同时处理好存在的问题，将是目前最紧要的问题。

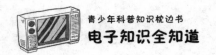

知识链接 >>>

　　数字图书馆是高技术的产物，信息技术的集成在数字图书馆的建设中扮演了非常重要的角色。数字图书馆的含义很广，它不是简单的互联网上的图书馆主页，而是一整套面向对象的、分布式的、与平台无关的数字化资源的集合。广义而言，数字图书馆包括所有数字形式的图书馆资源：经过数字化转换的资料或本来就是以电子形式出版的资料，新出版的或经过回溯性加工的资料；各类资源类型，包括期刊、参考工具书、专著、视频声频资料等；各种文件格式（digital format），从位图形式的页面到经 SGML 编码的特殊文本文件。

电子学科猜想

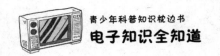

未来的电子信息化战争

电子信息化战争是一种战争形态，是指在信息时代核威慑条件下，交战双方以信息化军队为主要作战力量，在陆、海、空、天、电等全维空间展开的多军兵种一体化的战争，电子信息化战争在局部地区进行，目的、手段及规模均有限。

进入 21 世纪，电子技术的迅猛发展和广泛应用，推动了武器装备的发展和作战方式的演变，促进了军事理论的创新和编制体制的变革，由此引发了新的军事革命。电子信息化战争就是在这样的情况下产生的，而且它将最终取代机械化战争，成为未来战争的基本形态。

信息化战争是一种充分利用信息资源并依赖于信息的战争形态，是指在信息技术高度发展以及信息时代核威慑条件下，交战双方以信息化军队为主要作战力量，在海、陆、空、天、电等全维空间展开的多军兵种一体化的战争，依托网络化信息系统，大量运用具有信息技术、新材料技术、新能源技术、生物技术、航天技术、海洋技术等当代高新技术水平的常规的武器装备，并采取相应的作战方法，在局部地区进行的，目的、手段、规模均有限的战争。信息化战争不会改变战争的本质，但战争指导者必须考虑到战争的结局和后果，在战略指导上首先追求如何实现"不战而屈人之兵"的全胜战略，那种以大规模物理性破坏为代价的传统战争必将受到极大的约束和限制。

电子信息化战争中的信息是指一切与敌我双方军队、武器和作战有关的事实、过程、状态和方式，直接或间接地被特定系统所接收和理解的内容。就对信息的依赖程度而言，过去的任何战争都不及信息化战争。在传统战争中，双方更注重在物质力量基础上的综合较量。如机械化战争，主要表现为钢铁的较量，是整个国家机器大工业生产能力的全面竞赛。信息化战争并不排斥物质力量的较量，但更主要的是知识的较量，是创新能力和创新速度的竞赛。知识将成为战争毁灭力的主要来源，正所谓"计算机中一盎司硅产生的效应也许比一吨铀还大"。

火力、机动、信息是构成现代军队作战能力的重要内容，而信息能力已成为衡量作战能力高低的首要标志。信息能力，表现在信息获取、处理、传输、利用和对抗等方面，通过信息优势的争夺和控制加以体现。信息优势，其实质就是在了解敌方的同时阻止敌方了解己方情况，是一种动态对抗过程。它已成为争夺制空权、制海权、陆地控制权的前提，直接影响着整个战争的进程和结局。当然，人永远是信息化战争的主宰者。战争的筹划和组织指挥已从完全以人为主发展到日益依赖技术手段的人机结合，对军人素质的要求也更高。从信息优势的争夺到最终转化为决策优势，更多的是知识和智慧的竞争。

未来的电子信息化战争将会呈现几种趋势：

（1）战争空间急剧拓展。信息化战争是高度立体化战争，即战争不仅在地面、水面、水下进行，而且还会向外层空间、电子空间扩展，所以，互联、互通、互操作的全维一体融合体就尤为重要。

（2）战争进程明显加快。以往战争持续时间一般比较长，而信息化战争，节奏明显加快，进程大大缩短。在信息技术的作用下，武器装备的能量释放速度加快，杀伤力增加；高技术手段的运用，使军队的机动能力、打击能力和保障能力大大提高，单位时间作战效能明显增强；此外，高技

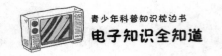

术武器装备造价昂贵，也迫使进程加快。

（3）作战力量多元一体。作战力量的大小，不再以数量的多少、作战能力的强弱、人员或武器的数量决定，高技术的智能化和信息化的武器装备只有同高素质的战斗人员相结合才能发挥最大效能。而精确控制将成为信息化战争的精髓。

（4）战争保障多维聚集。信息化战争的保障侧重于智力、知识、信息、网络的综合保障。

有人认为，在21世纪，类似1942年"珍珠港事件"的突然袭击，很可能会以信息战的方式重演。它所袭击的对象不是飞机、大炮和核武器，而是敌方的计算机系统、电子中心；不只是军用系统，还包括更为广泛的民用系统。所采用的手段包括计算机病毒、隐码、数据破坏程序等。其目的是阻塞甚至摧毁敌方的计算机网络，使其指挥失灵、交通混乱、电力中断、金融瘫痪。这样的战役曾有过预演：在20世纪90年代初的海湾战争中，美国的情报部门就曾暗中用装有固化病毒的芯片，置换了伊拉克从法国进口的防空系统电脑打印机的相关部件，然后用遥控的方法激活病毒，使其窜入对方电脑主机，最后造成伊方防空系统的瘫痪。当时英国《时代周刊》声称，美国不久将能使用键盘、鼠标器和计算机病毒，不放一枪一炮地对敌方的军事和民用基础设施发动迅速、寂静、广泛和毁灭性的打击。据此，我们可以认为，未来的战争没有前方与后方之分，凡网络系统所涉及的地方都有可能成为战场。

知识链接 >>>

电子信息工程是一门应用计算机等现代化技术进行电子信息控制和信息处理的学科，主要研究信息的获取与处理，电子设备与信息系统的设计、开发、应用和集成。电子信息工程已经涵盖了社会的诸多方面。电子信息工程专业是集现代电子技术、信息技术、通信技术、于一体的专业，因此信息化战争与电子信息工程专业是不可分割的，甚至可以说信息化战争就是电子信息工程在军事上的运用。

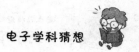

使用可弯曲触摸屏的产品款步走来

可弯曲触摸屏显示器听起来好像来自科学幻想，但它确实已变成现实。你可以想象出可弯曲触摸屏诞生后，我们生活中许多的常用品，如智能手机、平板电脑或电子阅读器，将会进入一个新的时代。

显示屏作为一个显示设备，随着计算机的出现而出现，也随着计算机的不断发展而发展。从大众消费者皆知的 CRT 时代，过渡到如今的液晶时代，经历过许多次的技术革新。最终，液晶显示屏凭借良好的画质、超低的功

耗以及不俗的便携性获得了当今消费者的一致认可。目前，液晶显示屏占据显示器的主导地位。

明天的显示器会是一种什么样子？有需求就有市场，同样市场又决定了需求，在这样相辅相成的循环关系下，催生出不少的显示器产品，如 3D 显示器、广视角显示器、广色域显示器、超高对比度等不一样的独具特色的液晶显示器。液晶显示器可谓红遍了各个领域。与此同时，显示器厂商又推出了不少跨界产品，如显示器自带音响，机身配备摄像头，繁杂众多的视频输入口等，把液晶显示屏的作用发挥到了极致。

而今，除了以上的"新意""亮点"以外，为了响应移动、便携的大时代号角，众多显示器厂商又推出了 MHL 功能显示器、USB 显示器以及靠网线连接的云显示器。

不过种种新的应用，无非都是围绕显示器的功能而做出了一定的扩展，并不代表新型显示器的发明，也并不能称之为显示器的新时代。

2010 年 1 月中旬，韩国 LG 公司传出希望新产品里采用 19 寸可弯曲显示器的消息，并有记者现场观看了此类屏幕的演示。这次演示很有可能意味着我们今后的显示器产品，如手机、平板电脑、电子书以至于电视机都能采用这种屏幕。

所以，柔性屏幕或者称可弯曲触摸式屏幕是未来显示器的发展趋势。

与此同时，很多可弯曲触摸式屏幕的应用产品也开始在市场上出现。

加拿大开发出一种可弯曲的触屏新型手机，它像纸一样轻薄柔软。这种纸一样的手机厚度堪比信用卡，重量不足苹果 23 克，显示屏约长 9.4 厘米。手机采用电子墨水技术，但触摸屏不是玻璃，而是超轻薄、可弯曲的"薄膜"。这种手机不仅能拨打电话、发送短信，还能储存电子书和播放音乐等，可谓"纸电脑"。这种手机更环保，耗电量更小。无人使用时，手机不消耗电量。另外，手机还很结实，"经得起捶打"。这一产品的外观、触感和使用方式都像一张能人机交互的小纸片，意味着用户使用时不会觉得自己握着玻璃或金属。

可弯曲触屏纸手机将很可能引领下一代手机潮流，将是大势所趋，会给现在领衔智能手机行业的苹果公司带来压力。

不光是可弯曲屏幕手机，可弯曲屏幕的电子书预计也要进入市场。电子书是一种非常好的阅读工具，但当前的电子书存在较大的缺点，它们是由易碎屏和灵敏的电子元件制成，摔落到地面上很容易受到损伤。相比之下，传统的书籍则更耐用、更安全。

使用弯曲屏幕前景十分光明，可目前仍有许许多多技术上和其他方面的问题需要解决。目前像韩国、日本、美国、加拿大等国家，已经在可弯曲触摸显示器的研发上取得了一定成绩，而且已经开发了一些可弯曲触摸

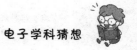

的手机与电子书，但距离批量生产还需要一定的时间。也就是说，有可弯曲屏幕并不意味着市场上很快就会出现可弯曲设备。要知道，显示面板只是变革的一小部分。可以完全弯曲的辅助电子元件、电源、电路都还不能量产。我们很快就能在市场上见到可弯曲屏幕，这只是屏幕技术，很容易办到的，可是其他组件恐怕没那么快。最早用上这种屏幕的产品，将是尺寸较大的外接显示屏，而不是尺寸较小的阅读器。

知识链接 >>>

2015 年 7 月，全球最薄柔性显示屏触摸屏在深圳柔宇科技 A 号生产线量产。这款全球首条超薄柔性显示模组及柔性触控生产线由柔宇科技自主研发，厚度仅 0.01 毫米至 0.1 毫米，当时仍保持世界最薄纪录。而量产的终端产品将主要用于手机和可穿戴设备。

裸眼 3D 产品

3D 是英文 Three Dimensional 的缩写，意即三维。在计算机里显示 3D 图形，就像是在平面里显示三维图形。计算机里只是看起来很像真实世界，因此计算机里显示的 3D 图形，让人眼看上就像真的一样。而现实世界里，真实的三维空间，有真实的距离空间。人眼有一个特性，就是近大远小，会形成立体感。

计算机屏幕是平面二维的，我们之所以能欣赏到真如实物般的三维图像，是因为图像显示在计算机屏幕上时，其色彩亮度的不同使人眼产生视觉上的错觉，而将二维的计算机屏幕感知为三维图像。基于色彩学的有关知识，三维物体边缘的凸出部分一般显高亮度色，而凹下去的部分由于受光线的遮挡而显暗色。这一认识被广泛应用于网页或其他应用中对按钮、3D 线条的绘制。比如要绘制 3D 文字，即在原始位置显示高亮度颜色，而在左下或右上等位置用低亮度颜色勾勒出其轮廓，这样在视觉上便会产生 3D 文字的效果。具体实现时，可用完全一样的字体在不同的位置分别绘制两个不同颜色的 2D 文字，只要使两个文字的坐标合适，就完全可以在视觉上产生出不同效果的 3D 文字。

从技术上来看，裸眼式 3D 可分为光屏障式、柱状透镜技术、指向光源以及直接成像 4 种。裸眼式 3D 技术最大的优势便是摆脱了眼镜的束缚。与传统立体显示技术相比，光屏障式 3D 产品与既有的 LCD 液晶工艺兼容，因此在量产性和成本上较具优势；双凸透镜或微柱透镜 3D 技术显示效果更好，亮度不受到影响；指向光源 3D 技术分辨率、透光率方面能保证，3D 显示效果出色；直接成像技术可以有效提升电子商务现有的产品推广表现形式，更能表现产品的真实性。

裸眼式 3D 技术在未来仍会存在很多难点：比如画面亮度低，分辨率会随着显示器在同一时间播出影像的增加呈反比降低；视差障壁技术不成熟，尚在开发；产品不成熟；等等。

目前各个国家都在研究裸眼式 3D 技术上积累了一定的经验，把初步的研究技术成果运用到了一些相关的产品上。

裸眼 3D 电影本可让让 3D 效果手持化，为用户随身打造出一个不错的载体。看 3D 电影，无须再走入影院，无须再佩戴眼镜。一本在手，如同随身携带着 IMAX 影院。

裸眼 3D 电视是组合目前我们拥有的面板技术和引擎技术实现的。在裸眼观看 3D 影像显示方面，采用在液晶面板前方配置双凸透镜的"全景图像（Integral Imaging）方式"。液晶面板的 1 个像素相当于通常二维（2D）影像的 9 个像素。采用了将 RGB（代表红、绿、蓝三个通道的颜色）三色子像素沿纵向配置，然后将其沿 9 视差横向排列的特殊像素排列。通过这些措施，在左右 15°的视角范围内，能够观看到既有锐度又很少有干涉条纹的 3D 影像。显示 3D 影像时，20 英寸产品的像素数为 1280×720，12 英寸产品的像素数为 466×350。由于显示 2D 影像时，1 个像素的 9 视差上都被分配到相同影像，所以影像的精细度极高。

由于 3D 是一个革命性的显示技术，目前还处于市场化应用初期阶段，发展潜力巨大，但目前的 3D 产业链还不成熟，3D 视频内容还不够多，3D 电影和 3D 电视频道都还无法满足市场多样化需求。在欧洲和北美，已经开通了数个 3D 电视频道，我国的 3D 电视频道已于 2011 年 12 月 25 日，

试播，2012年春节正式播出。

　　裸眼3D技术是推进工业化与信息化"两化"融合的发动机之一，同时也是工业界和工业创意产业广泛应用的基础性、战略性的工具技术。通过3D科技创意，一些传统行业有望加快产业升级与创新步伐，如广告传媒、展览展示、旅游招商、科研教学、游戏娱乐、工业设计、地质测绘、医学诊疗、军事、场景重建等；同时，3D街景、3D视频聊天、3D购物等各种生活化应用，也将因此大热。

知识链接 >>>

　　直接成像技术主要运用于现在互联网推广方面，也就是广告方面。典型的有2013在网络上出现的英雄联盟的三幅裸眼3D海报以及徐克导演的3D团队打造的《步步追魂》的电影海报，这也是这一技术首次在国内运用在商业方面的非常好的实例，有助于我国裸眼3D技术的大的提升与进步。这一技术可依附在普通的电脑、数字广告机、LED显示屏等数字化设备上进行展示传播。

无人驾驶的智能汽车

自动驾驶汽车又称无人驾驶汽车、电脑驾驶汽车或轮式移动机器人，是一种通过电脑系统实现无人驾驶的智能汽车。自动驾驶汽车依靠人工智能、视觉计算、雷达、监控装置和全球定位系统协同合作，让电脑可以在没有任何人类的主动操作下，自动安全地操作机动车辆。

无人驾驶汽车是利用车载传感器来感知车辆周围环境，并根据感知所获得的道路、车辆位置和障碍物信息，控制车辆的转向和速度，从而使车辆能够安全、可靠地在道路上行驶。

从 20 世纪 70 年代开始，美国、英国、德国等发达国家开始进行无人驾驶汽车的研究，在可行性和实用化方面都取得了突破性的进展。中国从 20 世纪 80 年代开始进行无人驾驶汽车的研究，国防科技大学在 1992 年成功研制出中国第一辆真正意义上的无人驾驶汽车。2005 年，首辆城市无人驾驶汽车在上海交通大学研制成功。

世界上最先进的无人驾驶汽车已经测试行驶超过 50 万公里，在没有任何人为安全干预措施下完成历里程也超过 8 万公里。

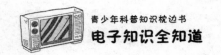

安全是拉动无人驾驶车需求增长的主要因素。每年，驾驶员们的疏忽大意都会导致许多事故。既然驾驶员失误百出，汽车制造商们当然要集中精力设计能确保汽车安全的系统。正是多项这样的无人控制的安全系统的出现，才出现的真正的无人驾驶汽车。

防抱死制动系统其实就算无人驾驶系统。虽然防抱死制动器需要驾驶员来操作但该系统仍可作为无人驾驶系统系列的一个代表，因为防抱死制动系统的部分功能在过去需要驾驶员手动实现。不具备防抱死系统的汽车紧急刹车时，轮胎会被锁死，导致汽车失控侧滑。驾驶没有防抱死系统的汽车时，驾驶员要反复踩踏制动踏板来防止轮胎锁死。而防抱死系统可以代替驾驶员完成这一操作——并且比手动操作效果更好。该系统可以监控轮胎情况，了解轮胎何时即将锁死，并及时做出反应。而且反应时机比驾驶员把握得更加准确。防抱死制动系统是引领汽车工业朝无人驾驶方向发展的早期技术之一。

另一种无人驾驶系统是牵引和稳定控制系统。这些系统不太引人注目，通常只有专业驾驶员才会意识到它们发挥的作用。牵引和稳定控制系统比任何驾驶员的反应都灵敏。与防抱死制动系统不同的是，这些系统非常复杂，各系统会协调工作防止车辆失控。当汽车即将失控侧滑或翻车时，稳定和牵引控制系统可以探测到险情，并及时启动防止事故发生。这些系统不断读取汽车的行驶方向、速度以及轮胎与地面的接触状态。当探测到汽车将要失控并有可能导致翻车时，稳定或牵引控制系统将进行干预。这些系统与驾驶员不同，它们可以对各轮胎单独实施制动，增大或减少动力输出，相比同时对四个轮胎进行操作，这样做通常效果更好。当这些系统正常运行时，可以做出准确反应。相对来说，驾驶员经常会在紧急情况下操作失当，调整过度。

自动泊车系统是无人驾驶技术的一个巨大成就，为无人驾驶汽车的上路奠定基础。车辆损坏的原因，多半不是重大交通事故，而是在泊车时发生的小磕小碰。泊车可能是危险性最低的驾驶操作了，但仍然有人会把事情搞得一团糟。虽然有些汽车制造商给车辆加装了后视摄像头和可以测定周围物体距离远近的传感器——甚至还有可以显示汽车四周情况的车载电脑——有的人仍然会一路磕磕碰碰地进入停车位。而采用了自动泊车系统的车辆，不会再有类似的烦恼。该系统通过车身周围的传感器来将车辆导向停车位，完全不需要驾驶员手动操作。自动泊车系统是无人驾驶技术的一大成就。

中国自主研制的无人车——由国防科技大学自主研制的红旗 HQ3 无人车，2011 年 7 月 14 日首次完成了从长沙到武汉 286 公里的高速全程无人驾驶实验，创造了中国自主研制的无人车在复杂交通状况下自主驾驶的新纪录，标志着中国无人车在复杂环境识别、智能行为决策和控制等方面实现了新的技术突破，达到世界先进水平。

百度已于 2014 年启动无人驾驶汽车研发计划，负责该项目的是百度深度学习研究院。根据规划，该无人驾驶汽车可自动识别交通指示牌和行车信息，具备雷达、相机、全球卫星导航等电子设施，并安装同步传感器。车主只要向导航系统输入目的地，汽车即可自动行驶，前往目的地。在行驶过程中，汽车会通过传感设备上传路况信息，在大量数据基础上进行实时定位分析，从而判断行驶方向和速度。

从 70 年代开始，美国、英国、德国等发达国家开始进行无人驾驶汽车的研究，在可行性和实用化方面都取得了突破性的进展。而谷歌的无人驾驶汽车最引人注目。

2014 年 5 月 28 日 Code Conference 科技大会上，谷歌推出自己的新产品——无人驾驶汽车。和一般的汽车不同，谷歌无人驾驶汽车没有方向盘和刹车。虽然谷歌的无人驾驶汽车还处于原型阶段，不过即便如此，它依旧展示出了与众不同的创新特性。和传统汽车不同，谷歌无人驾驶汽车行驶时不需要人来操控，这意味着方向盘、油门、刹车等传统汽车必不可少的配件，在谷歌无人驾驶汽车上通通看不到，软件和传感器取代了它们。

谷歌是最有可能扫除当前所有短期障碍并将成千上万辆无人驾驶车带到公路的公司。

无人驾驶车已经获得了加利福尼亚州立法获批，谷歌可能会在该州部

177

署数百辆无人驾驶车，用来接送公司员工上下班。然后，谷歌可能会将无人驾驶车推向更多的地区，例如拉斯维加斯，因为除了加利福尼亚，内华达州也已经允许谷歌无人驾驶车上路行驶了。另外，有雄厚的资金做保证，谷歌接下来会给无人驾驶车建设一些必要的基础设施，试图将用户的责任剥离出来，并且会在内华达市场以一个非常具有竞争力的价格推出无人驾驶车。

2016 年 5 月 16 日，百度宣布，与安徽省芜湖市联手打造首个全无人车运营区域，这也是国内第一个无人车运营区域。

知识链接 >>>

无人驾驶汽车集自动控制、体系结构、人工智能、视觉计算等众多技术于一体，是计算机科学、模式识别和智能控制技术高度发展的产物，也是衡量一个国家科研实力和工业水平的一个重要标志，在国防和国民经济领域具有广阔的应用前景。

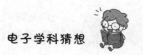

电子智能服装

"衣、食、住、行"是人类生活的基本需要，而作为这四个基本需要之首的"衣"，现在远不止"包裹身躯"那么简单了，亦不只是款式的美观与得体，更是讲究穿着的舒适和个性的表达。

当今世界科学技术迅猛发展，知识经济扑面而来，而知识经济的支柱是高新技术和信息技术，这个特征将影响和决定21世纪的服装行业。服装行业的科技发展在今后若干年最主要的任务就是利用高新技术和信息技术改变、提升传统的服装功能，这主要体现在电子智能服装的研究和开发上。

世界上积极开发"智能服装"的国家主要有德国、芬兰、比利时、瑞士、英国等欧洲国家。这一方面是由于欧洲地区对新型纺织品开发的需求比较强烈，另一方面是它们具有先进的周边电子电机、通信、计算机软件工业的相互支持配合。许多服装产业巨头也希望"智能服装"的研发，能为目前不景气的传统纺织工业注入一股新的活力和生命力。

一些知名服装公司、计算机业巨头、电器生产商已经纷纷开始研发计算机控制的"智能服饰"。这种服饰兼具时髦的设计和超强的功能性，十分

符合服装业目标消费者的未来需求，这些消费者包括专业人士、年轻族群和运动爱好人士等。

提及"电子智能服装"，我们所了解的是航空服、潜水服、消防队员的防火服。但这些特殊行业的智能服装，与日常生活似乎关联不大。

再如"变色龙军服"。这种军服能防弹，能依照周围的环境改变颜色，能测量士兵的心跳，能自动调整军服内的温度，并能检测到生化武器的攻击。它的面料是透气的，平时穿着十分舒适，但在检测到敌人使用生化武器时又能在瞬间密闭，将身体与外界完全隔离，起到了绝对保护功能。

这些都是特殊行业的专业制服，它们的功能只是针对特殊的一部分人群。

同样是高科技的智能服装，但是它们针对的消费群从特定行业拓展到了各行各业，必然也是具备一定消费能力的百姓。这些服装在满足本职功能的同时，还利用科学技术增加了与日常生活相关的特殊作用。因此，智能服装不再高不可攀，与我们的生活倒是越来越贴切了。

情绪手套。日常繁忙的工作常使人情绪低落，这种手套通过检测手掌的温度、脉搏和皮肤的导电性来确定人的情绪。一旦心情压抑、情绪焦虑，你手上的情绪手套就会一闪一闪地发光警告，这时你最好放下手头的工作，去呼吸呼吸新鲜空气或者是喝杯咖啡放松一下。

保温袜子。这种内含数十亿个保温微粒的袜子有很好的吸热性，可以根据环境和体温的差别吸收或释放热量。平时它可以吸收双脚发生的热量，减少脚汗。当双脚温度下降时，它又能将储藏的热量缓慢地释放出来为双脚保温。

防蚊衫。印度于2004年5月推出了这款智能服装，这些防蚊衫是用化学药物进行了特殊处理，能防止蚊虫叮咬，且这些化学药品对人类的皮肤无害。

牛奶蛋白羊绒内衣。浙江的一家公司推出的"牛奶内衣"是从牛奶中提取蛋白纤维，跟羊绒混合在一起制成的。因为牛奶蛋白质纤维中含有对人体有益的氨基酸，而且具有保湿性、保暖性等优点，这种"牛奶内衣"

可以保养肌肤。

音乐外套。在欧洲，牛仔品牌利瓦伊斯（Levis）率先推出一款音乐外套，不仅能播放音乐，还能把喜欢的音乐存储在芯片中，或者收听自己喜爱的电台。它由美国麻省理工大学媒体实验室研发。外套的布料由丝质透明硬纱制成，音乐播放功能则由一个全布料电容键盘控制。人们只需轻轻一按，衣服就会开始播放音乐。

音乐外套是一个环保的"音乐播放器"，它的能量来源主要依靠太阳能、风能、温度和物理能源等可持续能源。研究人员还致力于研发一种靠弯曲发电的布料，只要人们穿上它活动便能发电。

心率呼吸检测服。如果说音乐外套是"智能衣服"中娱乐功能的典型，那么美国佐治亚州科技学院研发的心率呼吸检测服就具备了实用的医学价值。研究人员把光电传导到纤维质地衣服的布料中，通过这种纤维检测人的心跳和呼吸频率。

服装制造商把这种衣服的目标人群定为运动员和健身人士，因为他们在训练时要详细记录自己身体的情况。美国一家公司已经利用这种技术生产出多款能够测量心率、呼吸、体温及血压等生命数据的贴身内衣和运动服。这种衣服还在医学上还会被广泛用于预防婴儿猝死综合征。

情绪香熏衣服。英国设计师珍妮·提尔洛森博士提出一个"情绪香熏衣服"的概念，这种智能衣服会根据穿衣人情绪的变化，散发出不同的香味。衣服的布料采用液体流控系统，喷出适量雾状的香水。

这种衣服的"智能"之处在于能够模拟人体的血液循环系统、感官和体味腺的功能。它的布料里埋着各种香水，采用液体流控系统喷洒，根据不同的环境变换香味。

总之，未来的电子服装会具备以下特点：

穿着舒适美观。根据专家的设想，未来人们穿上用智能布料缝制的裤子后，只要按一下电钮，腰围就会随意加宽或缩小。可以根据穿衣人的要求而扩大或缩小、制冷或制热以及随意变换颜色。

洗涤简便容易。以利用纳米技术生产高科技纤维而著称的美国 Nano-

tex 公司正在试验一种短袜的效果。这种短袜用分子级海绵制作，能够吸收引起人体异味的酸臭的碳氢化合物，这些臭味物质只有到洗衣机里遇到洗涤剂时才会释放出来。一位研究人员表示，有了这种新布料以后，一套运动衫即使穿三四次，也不会发出汗臭味。

医疗监视保健。美国 Sensatex 公司计划推出一款运动 T 恤，它可以监视心率、体温、呼吸以及消耗了多少卡路里的热量。这种 T 恤可以在穿衣人心脏病发作或虚脱时及时报警，从而降低突发性死亡的概率。另外，Sensatex 公司还计划设计一款在衣领里安装一个全球定位系统接收器的服装，儿童或老年性痴呆病人穿上后，如果不慎走失就可以被轻易找到。还有一款供婴儿穿着的特制睡衣，在婴儿出现呼吸停顿等情况时会发出警报。

电子智能服装将制造具有永久性的防水、防火、防污、防腐蚀等特种要求的服装品种，以满足人们各种不同用途的需要。先进的黏合技术也将不断发展，专家预言，将会有厂商采用先进的黏合技术，生产出"无缝西装"与"黏合衬衫"，给时装以新的面貌。

知识链接 >>>

未来的智能衣服能包含我们可以想象得到的任何功能。未来个性定制服饰将是社会的主流服饰，人们可以根据自己的需要在服饰上增加或删减各种功能，而目前已经实现的这些舒适、保健、沟通等功能是基础功能；音乐、互联网等等定制功能将个性化呈现；还有助听功能、辅助盲人视物等功能，将根据不同需要，出现在不同的人的服饰上。

万能的电子课本

电子课本与电子书不同，电子课本不是将传统教材简单地扫描放置在学习网上，而是以主体教材为基础，对教材内容及知识点进行深度挖掘和加工，以科学直观的视、音、图文等实现教材内容的数字化及交互功能的智能化。

与仅具翻页浏览功能的纯文本、图文类或视频类的电子课本相比，电子课本的强大的交互功能可以更有效地提高学生的学习兴趣，增强学生学习的自主性和积极性。问题提示、图文介绍、动画演示、真人实景示范，可以帮助学生更好地理解问题和强化记忆，从而轻松地攻破知识难点，提高学习效率。

英语学科的电子课本具有课文点读、情景动画播放、角色扮演、在线测验和重点词汇检测等功能。学生可以利用这些功能有效地提高英语口语、听力和阅读能力，巩固和扩大词汇量，真正实现无忧学习。

语文学科的电子课本具有重点句段解析、答案参考、朗读欣赏、整体感知、图片欣赏和背景介绍等功能。学生可以通过点击相关图标，方便地

获得有用的信息，并从这些信息中体会到语文的魅力。

数学、物理、化学和生物等探究型学科电子课本具有问题提示、说明、答案参考、实验视频点播、小结、课外知识和课内知识归纳等功能。直观、规范的科学实验容易引发学生主动思考及提高学生动手的能力；课外知识可以拓展学生的思维；课内知识归纳让学生系统地领悟各单元知识。

在让教材"活"起来的同时，电子课本的设计者也考虑到学生个性化的学习需求，设计了实用的各种学习工具，例如书签、学习笔记、标注和学习记录。其中学习者可以在重点的页码上加入书签，供下次学习时方便检索。可以实时记录学习笔记，写下学习心得，同时还可以在疑难重点的内容上进行标注，电子课本将自动生成学习记录，方便学习者查阅自己的学习进度，并为以后形成科学的学习评价做好数据储备。如果学生在一个单元的免费体验中得到了收获，想购买产品以继续学习，可以通过购买按钮轻松地进行购买。

另外，电子课本还可以自动保存学习记录，方便学生制订复习计划和查缺补漏。

总之，无论是课前预习、课后复习还是考前巩固，电子课本都会成为学生必不可缺的学习工具。

目前在电子课本的开发研制方面，韩国处于世界前列。从 2011 年开始，韩国教育科学技术部为了减轻学生书包的重量，向所有小学和初高中学生发放纸质的语文、英语、数学教科书，同时还发放了光盘形式的电子教科书。

韩国教育科学技术部认为，这么做是避免学生带着沉重的课本上下学，学生可以把课本放在学校里，不需要带回家，在家里的计算机上可以使用电子教科书进行学习。

如果电子课本取代纸质课本，学生就可以利用学校发放的平板电脑，再通过一个云计算系统获取多媒体形式的所有无纸化学习材料。该系统还可以实现远程教育。这样那些回家的学生就可以在家中接受教学或阅读课程。

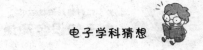

书籍电子化是未来的趋势，虽然摆在面前的问题很多，争议也会不断出现，但电子课本的普及，只是一个时间问题。

知识链接 >>>

电子课本的使用需要有一个合适的平板电脑，相对于学生来说，成本会非常大。另外，学生们使用平板电脑的学习效率究竟高不高，如何去监督这种新型的学习方式，也将是一个问题。

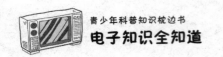
环保的电子墨水

电子墨水是融合化学、物理和电子学而产生的一种新材料。从肉眼看来，电子墨水像一瓶普通墨水，但悬浮在电子墨水液体中有几百万个细小的微胶囊。每个胶囊内部是染料和颜料芯片的混合物，这些细小的芯片可以受电荷作用。为了能看见电子墨水的微胶囊，可以把它想象成清晰的塑料水球。水球内包含几十个乒乓球，水球内充入的不是空气而是颜料水。如果从顶部看水球，我们可以看到许多白色乒

乓球悬浮在液体中，于是水球看起来呈白色。从底部看水球，你只不过看到的是颜料水，于是水球看起来呈黑色。如果你把几千个水球放到一个容器，并使这些乒乓球在水球的顶和底之间运动，你就能看到容器在改变颜色。这就是电子墨水工作的基本原理。

微胶囊制成后被称为是一种胶质材料。这种材料是细小的固态颗粒，承担液态的物理性质。于是微胶囊像传统墨水悬浮在液态"载媒体"，然而它将黏着到普通墨水上可以用的任何表面，并且可以用现有的丝网印刷工艺打印。打印的微电子学技术改变了墨水颗粒的颜色并产生了字和图。

电子墨水有许多优点，包括易读性、柔性、廉价制造和低功耗。与其他显示技术相比，电子墨水的反射率和对比度较佳。看起来它们像纸上的墨，使人们阅读和处理时感觉很舒服。在亮光下，包括直射的阳光，其他显示材料感觉有些淡而难以阅读，电子墨水的显示则易于看和读。

因为电子墨水是柔软的，可以用到纸上，产生柔性书，并产生和报纸一样的显示效果。它也可以打印到布上，或者打印到类似手机和其他电器非平面的奇形怪状的表面。

电子墨水还具有与现在正在使用的打印墨水相同的性质。用同样的打印工艺，可把电子墨水打印到纸上，甚至用相同的设备，也可用电子墨水在传统墨水不能打印的地方产生电子显示。

最后，电子墨水相对其他显示工艺的很大优点是低功耗。它不同于其他显示工艺，用电子墨水产生的一个显示，可保持图像达几周，并不需要附加的功率输入，并且当需改变显示的图像仅需少量功率。其他显示工艺为保持一个图像需用恒定电源供电。

电子墨水的第一个产品是大面积 Immedia 显示（电子墨水显示器）。Immedia 显示仅耗 0.1 瓦功率，这意味着 100 瓦的灯光的能量可供给 1 千个 Immedia 显示。Immedia 显示可以用在文本信息必须递送给大量观众的地方，例如零售商店、银行、贸易展览及舞台等。Immedia 显示具有柔性电子显示像纸上墨水一样的阅读能力，使它可发展成独特大的显示工业，Immedia 显示可以和传播消息链的其他字符信息联网，允许触键将待提交的所有字符信息送到网上。

E-Ink 公司的科学家正致力于电子墨水方面的研究和开发。

未来，电子墨水可以用在现在显示所用的任何地方，甚至更多的地方。电子墨水第一代产品将把大面积字符用在零售店、药店、银行和联络顾客的相同商店。由于它的柔性，电子墨水开拓了弯曲面显示的新市场。例如：更多的电子设备设计采用手持器件，电子墨水可以廉价和方便地打印到用户界面的器件上。可以想象一个咖啡壶，当咖啡温度低于你喜欢的温度，该界面就会变色；当 TV 遥控器的电池不足时，它会转成红色。未来，用

电子墨水打印的纸，可以灵活排版，所以单页纸可以用作很大信息的活动显示。

随着信息交换技术的快速发展，人们需要掌握更多的知识，处理更多的信息。图书报纸出版的弊端日益明显。首先，图书报纸所承载的信息量有限，信息的流通效率很低；其次，纸张供应紧张的严峻现实不容忽视；此外，纸张印刷品的信息更新速度已经远远赶不上人类知识和信息爆炸的速度。这样看来，人们就需要研究怎样将电子信息通过类似于纸张的介质来传递，从而既能满足人们的阅读习惯，又能够实现快速地更新信息。电子墨水与电子纸技术的出现给人们带来了极大的希望。与传统的显示器技术相比，电子墨水显示器具有很多优势，它的可读性、便携性、低耗能、薄而轻、易卷曲以及应用广泛等特点，是其他任何显示技术都无法比拟的。无疑，它将开创阅读与书写的新时代。

知识链接 >>>

电子墨水屏即为使用电子墨水的屏幕，又被称为电子纸显示技术。E-Ink 电子纸显示屏所具备的软性、轻薄、省电、常亮、强光下可视等重要特色，在现今环保节能与智能应用当道的新时代，将更符合智能动态显示的使用需求。特别是其无蓝光且高度接近纸质书本的阅读体验，即使是在长时间学习阅读的情况下，也不会有强光对眼睛造成刺激，避免了视觉疲劳，有利于健康用眼。如此诸多优势使得其已经成为互联网时代传统纸张的最佳替代品。

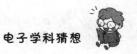

智能隐形眼镜

眼睛无疑是人类输入感知信息的一大枢纽。人眼可分辨数百万种颜色，调节适应不同光线，并快速向大脑传输信息。目前，许多人所佩戴的普通隐形眼镜采用的是柔韧性极佳的有机材料，可以在人的眼部安全使用，不过，这些材料通常都非常纤弱，而且还会用到某些化学物质。

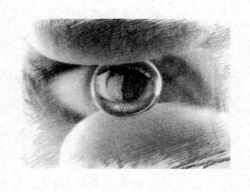

然而，人类对高品质生活的追求是无止境的。电影通常是展示人类对未来憧憬的窗口。在电影《终结者》中，施瓦辛格能在其视野中叠加一个数据层，增强他对眼睛所扫描范围的感知能力。虽然科幻电影中的情节离人们的生活非常遥远，但这种对实体世界进行数码润色的技术早已在智能手机和智能玩具中得到运用。科技界将它称为"视野辅助功能"。

华盛顿大学的科学家、眼部医师和教授们已经研发一款拥有"视野辅助功能"的隐形眼镜。科学家们将控制电路、通信电路、微型天线置入隐形眼镜中。再将这些电子零件与LED发光二极管融合在一起，通过无线电波的驱动，可以向佩戴者展示文字、图片和表格类的信息。

隐形眼镜视觉辅助功能无需太复杂就能很有用，如很少的像素就可以提供指示功能，与此同时，内置的微型电路和LED必须是半透明的，这样

就不会影响到佩戴者的正常视野。科学家们认为，这款智能隐形眼镜的完善版本将在视野中叠加一个数据层，为佩戴者所看到的人和物体提供有字幕说明的小显示屏，可以显示文字，实时翻译。

智能隐形眼镜最容易作为监测人体健康标准的工具。那是因为眼球表面可反映出人体胆固醇、钾、钠和葡萄糖水平等众多健康信息，如同血液测试一样全面准确。谷歌于 2014 年 1 月 17 日宣布，其正在开发的一种智能隐形眼镜，能够帮助糖尿病患者检测血糖水平。

2015 年 3 月，谷歌获得智能隐形眼镜专利，谷歌制造的智能隐形眼镜，采用多层设计和谷歌自己研发的芯片。谷歌智能隐形眼镜其中一层内含有传感器，与第二层当中的芯片连接，谷歌采用聚合物将两个层包裹在一起。谷歌这种专利也可以针对散光用户制造出智能隐形眼镜，专利资料当中大篇幅提到和散光有关的"不平的表面"。专利资料当中已经提到，包含传感器的芯片的基层可以在封装之前实现弯曲，表明该传感器和芯片的基层可以预先制造。

随着智能隐形眼镜的视觉辅助功能的广泛应用，它将会进入很多领域。科学家假设了智能隐形眼镜进入一些职业领域的前景：医生在做复杂的手术中只要戴上智能隐形眼镜，患者的所有器官就能清晰无比地展示在医生的视界中，从而就会减少医生的压力；假如司机佩戴智能隐形眼镜，开车会更加轻松，因为两旁路牌标示等重要路况信息都可以通过隐形眼镜，直接"看"到，就像显示在前挡风玻璃上一样方便可视；糖尿病患者可以把智能隐形眼镜用作血糖监测仪，当血糖水平开始下降时，隐形眼镜一角处的发光二极管就能发光；普通人戴了智能隐形眼镜，行走中也可以通过面前只有自己能见到的虚拟显示屏上网。

华盛顿大学的新闻公布则另有一番"畅想"：借助这种仿生隐形眼镜，司机和飞行员将可以从汽车或飞机的前挡风玻璃上"看"到速度；电玩厂家也能从中获益，假如游戏玩家戴上这种仿生的隐形眼镜，就可以完全沉浸在虚拟世界中，而且可以在行动中体验虚拟境界，不受任何空间束缚。

目前智能隐形眼镜的研发尚处在初级阶段，还有许多技术难题以待

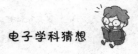

解决。

因为眼睛是极度敏感的部位，要保护眼睛不受化学物、电子零件热度和有毒物的伤害，些许设计不周都会引起不适甚至眼疾。目前以兔子为实验对象，发现20分钟内智能隐形眼镜不会对兔子眼睛产生任何不良影响。当然，若要使用在人体上，科学家仍需更多的完善和实验，以获得食品及药品管理部门的首肯。

布莱尔·麦克塔是佐治亚电脑技术学院的副教授。作为增强环境实验室主任，他指出，由于人眼活动频繁，速度极快，无时无刻地在更新视野，接受新的图像信息，因此目前的研究远远无法达到将智能隐形眼镜作为信息接收装置的水平。

兰亚（Layar）是一家总部位于阿姆斯特丹专攻视野辅助技术的公司。Layar的总裁说，如果智能隐形眼镜不能作为一个真正的信息平台，支持各种类型的数据传输，如映射信息、酒店回顾或更新推特（Twitter）的话，那么它的前景则不乐观。

可是，科学家们却持乐观态度。因此，看上去不起眼的隐形眼镜将来一定会成为一个真正的平台，提高人们的生活质量。

知识链接 >>>

虚拟显示器是智能隐形眼镜的核心部件。虚拟显示器最大特点是在微小的体积内产生高品质的画面。这是它与普通直接观看式的显示系统的最大区别。虚拟显示器可以为便携电子设备的用户提供可与电视机、电脑显示屏媲美甚至更好的视频显示效果。除了能够在小型显示屏上提供优质图像以外，虚拟显示器还具备成本低、兼容软件平台、轻便、私密、强光下可读等众多优点。由于具备了以上优点，虚拟显示技术和产品应用领域广泛，市场前景非常广阔。

电子皮肤系统

　　电子皮肤，是一种像人类皮肤一样感知外部压力和传导触觉信号的系统。由美国麻省理工学院的技术人员研发而成的一种电子皮肤，其结构简单，但技术关键点在于一种名为QCT的复合材料。其他类似的发明还有飞利浦公司研制的电子皮肤。

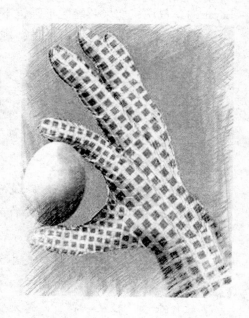

　　美国麻省理工学院在实验室测试了这种电子皮肤，它几乎可以和人体皮肤一样感知不同的外部压力，以相同速度传导触觉信号。尽管电子皮肤仍存在一些设计障碍，与理想仍有差距，但足以运用到机器人制造等领域。

　　机器人的制造过程中，电子皮肤起了很大的作用。机器人来装卸货物时，由于它不会精准地感知到外力，所以经常出错，把货物弄坏。"拿起一个裂开的鸡蛋而不捏碎它，几乎人人都能做，"美国加利福尼亚大学计算机科学助理教授阿里·贾韦说，"但机器人肯定会直接弄碎。如果机器人换上了电子皮肤，那么它对外力的感应就会把握得十分准确，在工作中就不会无故弄坏货物。"

由贾韦领导的科学团队制作的电子皮肤的基础体是一种聚合树脂制成的胶片，胶片表面有黏性，覆盖有发挥信号感知和传导作用的一种锗硅混合纳米线，而后在纳米线上安装纳米级传感器，再覆盖一种对压力敏感的橡胶。

先期制作并投入测试的电子皮肤面积只有 49 平方厘米，但它可以感知从 0 帕到 15 千帕的压强。诸如人类敲打键盘、托物体时皮肤感知的压强，均在这一范围内。

贾韦领导的科学团队制作出的这种皮肤系统的关键点，是名为 QCT 的复合材料。QCT 是一种金属活性聚合材料，由金属或非金属碎料压制而成，这种材料能对微小的压力和触感进行测量，并通过电阻值的变化反馈给电路，这就如同通过调光开关控制灯泡的亮度一样。由于 QCT 自身所具备的这种独特性能，它可被制作成各种形状和大小的压敏开关。通过丝网印刷后的 QCT 材料的厚度可薄至 75 微米。

QCT 材料不但能感知物体的硬度，还能监测到物体的硬度等级。此外，借助 XY 扫描技术，使用 QCT 技术的机器人还能获得不同区域（如前臂、肩部和躯干）的综合知觉信息。

QCT 的运行功耗极低，整个系统无移动部件，可直接与物体接触而无需任何空气层。这使得其十分可靠，可被一体化集成到超薄电子设备中，同时还具备极长的运行寿命。

QCT 技术已先期在美国宇航局的机器人项目上获得了应用，其先进的传感技术和机械臂在世界均属领先。研究人员下一步的目标，是让机器人具有与人类更为接近的触觉，并增强其与人类的互动能力。

由美国斯坦福大学华裔科学家鲍哲南领导的研究团队，用另一种不同工艺也制造出一种人造皮肤，这种人造皮肤由覆盖传感器的一种特殊橡胶制成，这种橡胶在获得外部压力时可改变内部密度，从而传导不同的触觉信号。

爱尔兰都柏林三一学院纳米学的科学家高度评价这两种电子皮肤，称它们是人造科学中的"重要里程碑"，解决了机器人触觉难关。

现阶段，机器人已经能够感知视觉和听觉，加上已经初步成型的触觉，机器人距离真正的人类感知力只剩下味觉和嗅觉两大障碍。

日本科学家发明的电子皮肤，由橡胶、导电石墨和新型晶体管组成。

电子皮肤在橡胶聚合体里面加入电传感石墨薄片，当受到触碰的时候，电阻会发生变化，这些变化会立即被藏在皮肤表层下面的一系列晶体管察觉到。其中的主要的困难在于让这个装置的反应变得像真人皮肤一样灵活，最终能够穿在机器人的手臂上。传统微型芯片的晶体管是由硅材料制成的，坚硬易碎。但是日本科学家使用一种叫作并五苯的柔软的有机材料代替制造晶体管。电子皮肤的传感器系统由 32×32 的软材料晶体管方阵组成，每个晶体管有 2.5 平方毫米。科学家希望能够造出比这还小 100 倍的晶体管，这种电子皮肤能够被大幅度弯折而不会破坏晶体管，甚至把它包在 2 毫米直径的棒上仍能继续工作。

日本科学家希望为他们的人造皮肤加上更多的功能，还想让它变得更有弹性。现在它们更像一张纸，能够弯折但没有弹性。

哈佛大学专门研究机器人触觉的罗伯特·豪认为这非常困难，他对电子皮肤的影响持保留意见，认为大多数类似的设计都没有走出实验室。

飞利浦研究实验室 2009 年底宣布，他们已经完成一项新的电子皮肤技术主要用于产品的外观装饰。电子皮肤是飞利浦正在进行的电子纸研究的一部分，使用这项技术可以对各种产品覆盖一层"变色皮肤"。

电子皮肤可以覆盖在各种设备上，不需要使用背光光源，可以接受周围环境的光线来实现颜色适配和节能，在户外也能像油漆一样保持色彩明亮生动。这项新技术初期用于手机、MP3 等小型设备的外观增强，未来有可能进行大面积使用，例如给整个房间安装电子壁纸。

电子皮肤的问世还是临床医学的福音。一些移植学人士看好这项技术，认为它今后可以运用于皮肤移植，或用于改进没有感知力的假肢。

美国斯坦福大学女科学家鲍哲南和她的研究团队又为这种超级皮肤增加了透明和可拉伸功能，为人造电子皮肤更接近人类皮肤赋予重要意义。她于 2011 年 9 月和她的博士生、研究生团队发明了一种可模拟人类皮肤的高灵敏度柔性塑料薄膜材料。这种材料由高灵敏的电子感应器组成，当无数的感应器连成一片时，就形成与人类皮肤相似的薄膜。这种电子皮肤可以感知一只蝴蝶停在上面的压力，可以被广泛用于假肢、机器人、手机和电脑的触摸式显示屏、汽车方向盘和医学等。2012 年 2 月，鲍哲南团队再接再厉，创造性研制出世界最新的可拉伸太阳能电池，使电子皮肤可以实现自我发电。如今，鲍哲南团队又利用纳米材料为这种皮肤增加了透明和可拉伸功能，距离人类皮肤的功能越来越近。

鲍哲南表示，2011 年发明的电子皮肤虽然可以很灵敏地检测到触觉，也可以弯曲，却没有拉伸的功能，弯曲多了还会裂开，原因就在于电极的拉伸性不理想。她还说："我们将这种无机材料制成的电极更换为带有导电功能的碳纳米管，放在透明的衬底上。由于碳纳米管具有非常好的柔软性，可以拉伸两倍以上，回复原位形成小弹簧形状，还能保持非常高的导电率，同时具有透明度。"这种透明功能使得电子皮肤可以模仿人类不同肤色的皮肤。

2017 年 6 月，半导体研究所半导体超晶格国家重点实验室沈国震课题组与解放军总医院教授姜凯展开深度合作，在前期系列研究成果的基础上，在电子皮肤领域又获新进展，开发了一种可直接贴附在人体表面的超薄高像素柔性电子皮肤阵列。此电子皮肤阵列通过引入聚合物中空球纳米结构，传感器对环境压力展现出了超高的灵敏度（31.6 kPa-1）以及低的探测下限（0.6 Pa）。由于所制备的聚合物具有负温阻效应，传感器还对环境温度具有很好的响应。

利用简单的半导体加工及转印工艺，设计者设计了微米级的超薄可拉伸衬底及蛇形电极结构，使得器件不仅弹性好，也不易损坏，可以在不同环境下拉扯揉折之后，仍能感受到外部压力与温度的变化。将这种超薄电子皮肤应用于医学领域，能够实现对人体脉搏、语音、呼吸、体表温度等生理信号的实时快速监测，并对不同物体的压力分布成像。为了避免人体生理信号监测中体表温度变化对器件的影响，科研人员还对传感器进行了温度补偿进而提高器件在实际应用中的检测精度。

其高柔性及弹性也符合模拟人体皮肤的需求，有望作为一种新型的人造电子皮肤服务于未来机器人、义肢使用者和可穿戴设备上，也可以应用于电子消费、军事、医疗健康等领域，应用价值极高。

知识链接 >>>

2018年2月，东京大学的研究人员最新开发了一种柔性电子皮肤贴片。这种超薄贴片是由柔韧、透气的材料制成的，可以测量和显示佩戴者的心率数据。通过使用纳米电极和可伸缩布线，该贴片配备了一个微型LED阵列，可以适应皮肤的弧度并显示简单的心电图波形等动态图像。这个想法不仅是为了给穿戴者提供健康信息，还让其他人在紧急情况下了解使用者的状况。此外，传感器可以与智能手机配对，用于存储生物特征数据，甚至将其传输到云端。研究人员认为，该贴片可以成为一种针对老年人或家庭的非侵入性健康监测系统，医护人员也可远程监控穿戴者的状况。这种电子皮肤贴片有望在3年内实现量产。

智能机器人

机器人，英文"robot"，是自动执行工作的一种机器装置。它既可以接受人类指挥，又可以运行预先编排的程序，也可以根据以人工智能技术制定的原则纲领行动。它的任务是协助或取代人类工作，如生产业、建筑业，或是一些危险的工作。机器人本体一般由执行机构、驱动装置、检测装置、控制系统和复杂机械等组成。

从全球来看，机器人产业开始发展的历史可追溯到 20 世纪 60 年代。1962 年美国万能自动公司制造的"尤尼梅特"和美国机械与铸造公司生产的"沃萨特兰"机器人，分别在全球率先投入使用。

当机器人最早投入使用的时候，人们就曾激烈讨论其性能到底如何。

如何去评价机器人的性能？其标准主要包括：智能，指感觉和感知，包括记忆、运算、比较、鉴别、判断、决策、学习和逻辑推理等；机能，指变通性、通用性或空间占有性等；物理能，指力、速度、可靠性、联用性和寿命等。因此，可以说机器人就是具有生物功能的实际空间运行工具，

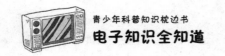
可以代替人类完成一些危险或难以进行的劳作、任务等。

随着机器人研制技术的日趋完善，机器人的性能也越来越优良。目前已经进入了智能机器人的时代。

智能型机器人是最复杂的机器人，也是人类最渴望能够早日制造出来的机器朋友。然而要制造出一台智能机器人并不容易，仅仅是让机器人模拟人类的行走动作，科学家们就付出了数十甚至上百年的努力。

在智能机器人的研制方面，日本一直处于世界的前列。据统计，目前全世界投入使用的智能机器人大约有95万台，其中日本就占了总数的38%，位居世界第一。因此，日本被称为"机器人王国"。

20世纪60年代后期，日本开始从美国引进机器人。当时日本正值经济高速增长时期，劳动力不足问题非常突出，同时，产业界对自动化的需求也很高，因此机器人得到了广泛的应用。而且，当时的工作环境条件差，存在多种安全隐患，威胁到了人们的自身安全，所以也需要大量的机器人。在这种情形下，日本的科学家在1969年成功自制出了第一台机器人，主要被用于提取和搬运重物。80年代后半期到90年代初的泡沫经济时期，机器人数量开始猛增，并广泛地被使用到多个领域。90年代开始，日本研制的机器人开始朝智能化、多元化发展，并用于服务业、制造业、高科技产业等诸多领域。

日本平均每年都要举办一次机器人展。每次展览，都会推出具有新用途的机器人。

日本的智能机器人现在可做奔跑、跳跃的动作，甚至还可以翩翩起舞。2009年年底在东京举行的一个国际机器人博览会上，索尼公司生产的4个机器人给观众展示了奔跑、跳跃等动作，在执行一段跳舞程序时，其中的一个居然摔倒了。巧的是，这一摔竟让人们看到了机器人灵巧程度的另一面：这个小家伙自己站起来继续演出，且身体完好无损。

日本大阪一家机器人制作公司曾经在一个展览上安排机器人登场露一手烹调手艺，引起了众多关注。这次展览主要是向观众展示只要有材料，机器人也能把面粉做成煎饼。展示开始后，机器人在碗中将材料调匀，倒在烧热的铁板上，煎好后把煎饼放在碟子中，双手给客人端上，而且还会问客人要放什么酱料或辅料。

日本产业技术综合研究所（AIST）曾经成功研制出一个会说话、可行走而又具有丰富表情的新型"女性"机器人。在舞台上，该机器人还迈着猫步"秀"了一下。

这个名叫"HRP-4C"的机器人身高近 1.58 米，重约 43 公斤，身穿一套银白和黑色相间的太空服。它的身高和体重同日本普通女性基本相近。机器人"HRP-4C"全身共有 30 个马达来控制肢体移动，还可以做出喜、怒、哀、乐和惊讶的表情。此外，它还能够缓慢行走，眨眼睛和用细小的女性嗓音说"大家好"。不过，这种技术目前似乎还并不十分完善。在一场示范表演上，操作员在要求该机器人微笑或生气时，它却拒不理会，表现出无比惊讶的表情，而且嘴巴张得很大，眼睛也瞪得很圆。在另一场展会上，机器人"HRP-4C"也是在一直保持膝盖弯曲。研制人员表示，尽管这个高仿真"女性"机器人在腿上设有传感器，但还缺乏真人所具备的平衡感。

在 2018 年平昌冬奥会的闭幕式上，机器人和人工智能这把"大刷"，向世人挥出了一道华丽的"未来秀"，称得上流光溢彩。闭幕式的"北京 8 分钟"首次使用 24 个隐形机器人参与表演，以此展现出冰雪运动和中国文化的特点，24 台来自新松（隶属于中科院的机器人公司）的移动机器人和 24 名舞蹈演员的倾力演出将整个演出推向了高潮，传统而又富有底蕴的中华文化与现代而又充满魅力的人工智能在这里实现了完美融合，完美地诠释了 2022 年北京冬奥会"人文奥运"和"科技奥运"精神。在此之前，世界范围内从未出现过如此大规模的移动机器人演出阵容。

仅仅 90 秒的换场准备时间，24 个移动机器人与舞蹈演员的精准互动，16 套复杂的机器人动作规划……移动机器人车体携带"冰屏"，在表演中需要配合舞蹈演员完成一系列曼妙而复杂的舞美动作，不允许有一丝一毫的误差——哪怕其中的一台机器人有一秒的延迟或动作偏差，都将导致整个演出的失败。为了打造这精彩的"8 分钟"，北理工软件学院虚拟视觉团

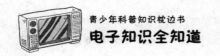
队利用影视虚拟制作技术和数字表演与仿真技术，专门创新研发了文艺表演预演系统和训练彩排与数字验证系统。

知识链接 >>>

　　如今的机器人，横向上，应用面越来越宽。由95%的工业应用扩展到更多领域的非工业应用。像做手术、采摘水果、剪枝、巷道掘进、侦查、排雷，还有空间机器人、潜海机器人等。机器人应用无限制，只要能想到的，就可以去创造实现。纵向上，机器人的种类会越来越多，像进入人体的微型机器人，已成为一个新方向，可以小到像一个米粒大小；机器人智能化得到加强，机器人会更加聪明。